U0379443

高等职业教育园林园艺类专业系列教材

制作与养护

（南方本）

罗泽榕　陆志泉◎主编

机械工业出版社

CHINA MACHINE PRESS

本书分为盆景创作基础、岭南盆景造型技艺、南方树木盆景常见树种、南方树木盆景造型、南方树木盆景养护、山水盆景制作六个项目，每个项目设有若干任务，每个任务设有知识目标、能力目标、工作任务、相关链接、习题等内容，可用于项目化教学使用。

本书体现了高职教学用书的时代特征，突出先进性、应用性和科学性，同时将理论与实践融为一体，实用性、针对性和操作性强，可作为高职高专院校园林工程技术、园艺技术、环境艺术设计等专业教材，也可作为学生自学用书，还可作为盆景制作人员及盆景制作行业开展盆景制作技术培训的参考用书。

图书在版编目（CIP）数据

盆景制作与养护：南方本/罗泽榕，陆志泉主编.—北京：机械工业出版社，2016.3（2022.7重印）

高等职业教育园林园艺类专业系列教材

ISBN 978-7-111-52779-4

Ⅰ.①盆… Ⅱ.①罗…②陆… Ⅲ.①盆景 – 观赏园艺–高等职业教育–教材 Ⅳ.①S688.1

中国版本图书馆CIP数据核字（2016）第019621号

机械工业出版社（北京市百万庄大街22号 邮政编码100037）
策划编辑：王靖辉 责任编辑：王靖辉
责任校对：黄兴伟 封面设计：马精明
责任印制：常天培
固安县铭成印刷有限公司印刷
2022年7月第1版第5次印刷
184mm×260mm·13.75印张·335千字
标准书号：ISBN 978-7-111-52779-4
定价：63.00元

电话服务 网络服务
客服电话：010-88361066 机 工 官 网：www.cmpbook.com
010-88379833 机 工 官 博：weibo.com/cmp1952
010-68326294 金 书 网：www.golden-book.com
封底无防伪标均为盗版 机工教育服务网：www.cmpedu.com

前　言

　　"盆景制作与养护"是园林、园艺等专业的必修课程。本课程学习的主要目的是培养学生制作与养护盆景的职业能力，提高学生的审美和鉴赏能力，增强形象思维能力和设计创新能力。本书在编写过程中，进行了大胆的探索，打破了传统的内容编排体系和教材内容，根据树木植物分布特点，突出了南方盆景的特色，以岭南盆景造型技艺为主线进行内容编排。根据课程培养目标，细化岗位工作任务，将其转化为教学项目。本书收录了岭南盆景造型图，部分项目增加了相关链接和实例分析，是其内容的进一步拓展，供教师选教和学生选学用，旨在适应高职高专学生个性特色，满足学生自学需求。

　　为更好地体现高职教学用书的时代特征，突出先进性、应用性和科学性，本书在编写中，参考了国内外专著、科技期刊、相关专业网站的最新科技信息和最新理念，引用了许多盆景艺术大师和盆景艺人的作品，在此对有关作者致以衷心的感谢。

　　本书由广东科贸职业学院罗泽榕、广州市盆景协会陆志泉任主编，由揭阳职业技术学院杨培新、广东农工商职业技术学院陶正平、辽宁农业职业技术学院张秀丽任副主编。全书编写分工如下：罗泽榕编写项目4的任务9、任务10、任务12、任务13、任务14，项目6的任务2；陆志泉编写项目1、项目2、项目4、项目5的相关链接、实例分析；杨培新编写项目3的任务2，项目4的任务1、任务2、任务15；陶正平编写项目2的任务1、任务2；张秀丽编写项目4的任务4、任务5、任务6、任务7、任务11；广东科贸职业学院林月芳编写项目1的任务1、任务2；广东轻工职业技术学院李进进编写项目4的任务8；揭阳职业技术学院唐海溶编写项目3的任务1、项目4的任务3；广东农工商职业技术学院李荣喜编写项目5；广东科贸职业学院陈紫旭编写项目6的相关链接、实例分析，并组织编辑了附录；福建林业职业技术学院陈清舜编写项目6的任务1。

盆景制作与养护（南方本）

IV

在本书编写过程中得到中国盆景艺术大师陆志伟等艺术家的悉心指导，再次表示特别的感谢。

本书配有电子课件，凡使用本书作为教材的教师可登录机械工业出版社教材服务网 www.cmpedu.com 下载。咨询邮箱：cmpgaozhi@sina.com。咨询电话：010-88379375。

由于编者水平有限，本书的写作形式又是一个新的探索，加之可用于制作盆景的树木种类多样，各种先进的艺术理念和科学技术不断地涌现，书中疏漏和欠妥之处在所难免，敬请读者提出宝贵意见，以便修订时改进提高。

编　者

目 录

项目1 盆景创作基础

 任务1 岭南盆景文化

一、岭南盆景的发展历史

在中国盆景众多的流派中，岭南盆景是一个年轻并具有独特风格的流派。其以绵延而旺盛的生命力，从晋朝发展至今，已经成为中国文化艺术宝库中的一朵奇葩，并以独特的风姿走向世界，举世瞩目。

（一）岭南盆景的历史渊源

广东地处五岭以南，俗称"岭南"，属于热带、亚热带气候，终年阳光充足，气候温暖，雨量充沛，四季如春，植物生长旺盛。另外，可提供选择的各类树种、各种形态的树木资源甚多，历来就有"千树之源"的美称。岭南的天时地利都十分适宜树桩盆景的栽培和创作。

以广州为代表的岭南盆景曾有过一段规则式造型的历史。广州是海上丝绸之路的发祥地，是岭南文化中心地，也是千年商都。西汉时期，广州已是珠玑、犀、玳瑁、果、布的大集市。广州又是花城，芳村花地栽花历史已有一千多年，被誉为"千年花乡"。很久以前，这里就已形成自己独特风格的规则式盆景，如创作手法上的"明挨明折""明挨暗折"等；而且盛行举办民间展览，俗称"斗花局"，如广州黄大仙祠每逢神诞祭祀，乡民把盆景放在"斗花局"显要的位置上展览，并进行评比，优胜者可获得烧酒、烧猪及利是钱等奖赏。

明清时期，广东各地民间已广为栽种盆景，多选用九里香、榆树、罗汉松、柏树等树种，造型则比较程式化。诸如树干必呈"之"字形，弯曲有序，每曲位长一枝托，树顶为平顶状，树形呈扇面状。另一种形态是像铁线扎作，这种形式不讲究枝托布局，依傍着树干用铁线扎作框架，带引枝条沿势生长而成。题材多以喻意吉祥瑞兽为主，形式有图案、文字及动物形象等，如"福""禄""寿"字等。作品高度约40cm，称为"桌赏"，但也有栽培成2~3m高的大型古树，多用以成双成对地放置在庭园和大户人家的门前，称之为"将军树"。如广州的黄大仙祠、陈家祠、佛山祖庙、梁园、顺德清晖园等处都摆设有此类大型盆景。

正是这种中规中矩的盆景，为现在的自然式岭南盆景艺术打下了坚实的基础，自然式岭南风格形成之后，就把过去的规则式盆景统称为"旧式古树"。

（二）岭南盆景艺术的形成

具有独特的岭南地方特色、鲜明的岭南地方风格的自然式岭南盆景艺术，是从20世纪30年代开始的，经过一批又一批老一辈的盆景艺人不懈地努力，到了新中国成立前夕便初具雏形；真正形成具有一定艺术造诣、趋于成熟、堪称一个地方流派的，还是在新中国成立以后。

20世纪30年代初，当时以广州商贾孔泰初和广州海幢寺素仁和尚以及广州芳村花地盆景世家陆学明为代表的老一辈岭南盆景艺人，在继承盆景传统制作技艺的基础上，根据岭南的地理环境、气候条件及树桩生长特性，大胆冲破传统束缚，借鉴岭南画派的画风画理，经过摸索实践、总结、再实践，创作出具有独特的地方风格的艺术作品——岭南树桩盆景，受到广大爱好者的一致推崇和称赞。岭南盆景艺术初具雏形。

孔泰初（1903—1985），又名少岳，祖籍番禺，中国盆景艺术大师，是一名德高望重的近代著名盆景艺人。孔泰初青少年时就喜欢练字习画，19岁开始从事盆景研究，崇尚"四王"画法，常常将临摹的树木形态贴于窗门，通过阳光的投影，捕捉盆景造型的结构。从20世纪30年代起，他从老年的荔枝树的树形中得到启发，进行"大树缩影"的创作研究，创造了以"截干蓄枝"为主的独特折枝法构图。运用截干蓄枝法，选用南方常见的九里香、榆树、福建茶等树种，使岭南盆景在制作构图和艺术造型上形成自己的风格。在20世纪40年代初，他以一盆大树型的作品，在广州市西瓜园的一次义卖展览中，博得了声誉。从此"大树缩影"的风格在岭南盆景中便风行一时，形成了为人称道的"孔派"。孔泰初对枝条的剪截技法要求严格，一枝一爪都讲究比例，精雕细刻，注重模仿自然树木的形态，着意于形似，他当时的代表作有"春复春""悬崖雀梅"等（图1-1）。

在珠江的南岸，以海幢寺主持素仁和尚为首形成了岭南盆景的"素派"。

陈素仁，俗名素仁，终生热爱大自然，酷爱清幽脱俗的休闲生活。他创作的盆景，不仅吸取了倪云林和八大山人的笔意，而且常以大自然为创作原则，结合观察树形树态的特征，从中摄取岭南盆景创作灵感。他的作品，构图着重取意，崇尚神韵，布局结构严谨，清新简洁，轻盈潇洒，表现了作者飘逸脱俗的意趣，备受同行推崇，被誉为清奇潇洒、飘逸清雅的"画意派"，也称"文人树"，俗称"素派"（图1-2），与孔泰初一起被誉为岭南盆景艺术两杰。

如果以国画创作手法比喻盆景，"孔派"的作品严谨缜密，属于写实的"工笔"；而"素派"的作品寥寥几笔则表现了整体意念，属于重神韵的"写意"。"孔派"和"素派"的区别，是"形"和"神"的区别。

图1-1　孔泰初盆景作品

图1-2　素派盆景作品

　　自此，孔、陈两师成为岭南盆景艺术的一代宗师；与孔、陈同时期涌现的主要代表人物还有莫珉府、陆学明、陈德昌、黄锦、叶恩甫、苏樵、周星甫等盆景艺人。他们通过观摩切磋、取长补短，不断提高制作技巧，推进和发展了岭南盆景艺术。

（三）岭南盆景的巩固和发展

　　以中国盆景艺术大师陆学明为代表的岭南盆景艺术家，勇于开拓创新，以其智慧和能力，把岭南盆景艺术从形成、初具雏形发展到一个新的阶段，将岭南盆景艺术推进到一个新的高潮。

陆学明出生于广州芳村盆景世家，终身从事岭南盆景艺术专业创作研究，他为人敦厚朴实，谦虚诚信，求学心、上进心特别强，他敢为人先，执着追求，认真总结和学习前人的经验，学习中国各大盆景流派之长处和特点。在这基础上到大自然中去摄取创作灵感，考察植物的生长与特性，从中领悟大树雄风、飘逸潇洒、野趣自然的情结所在，使岭南盆景艺术达到更高层次、更理想的艺术境界。首创盆景制作的"锤击树皮法"，人为地在树桩身上制造嶙峋坑稔，从而使桩头更加雄霸古拙，更显得自然苍劲；又由迎阳临江枝条飘出水面的特点，创造性地应用具有岭南盆景制作技巧的"大飘枝""大摊手""回旋枝""风吹树"等技法，制作出具有岭南地方特色和艺术风格的盆景作品（图1-3），还创造了"挑皮法""打皮法""打木砧法""丁字枝嫁接法""头根嫁接法"等技法，深受广大盆景行家和爱好者的推崇和赞誉，致使他们争相拜师效仿。其代表作福建茶盆景于20世纪60年代周恩来总理出访埃塞俄比亚时选作珍品赠送给塞拉西皇帝。

图1-3　陆学明盆景作品

中国盆景艺术大师苏伦，出身于广州的书香门第，其父苏卧农乃岭南画派祖师高剑父的入室弟子，自幼受父亲熏陶，耳濡目染，加上思维敏捷、聪明过人，善于把画理、画法、画工结合大自然的雄伟景象运用到岭南盆景艺术的创作理念上，突出树桩盆景的岭南特色和风格，历经数十载磨炼，创作出不少较高艺术水准、获得国际和国内较高奖赏的岭南树桩盆景作品（图1-4）。曾经在广州越秀公园举办岭南盆景个人展览，推动了岭南盆景艺术的向前发展。

在东南亚地区，特别是我国香港、澳门地区的老一辈盆景艺人，已故的香港青松观观长侯宝垣先生，香港永隆银行董事长伍宜孙先生等为岭南盆景艺术的形成和发展鞠躬尽瘁，功不可没。伍宜孙先生编著了《文农盆景》一书并译成英文，旨在将盆景艺术推向世界。其子伍步文先生，在港设立了"文农盆景"网站，旨在弘扬、发展和推动岭南盆景艺术。澳门商家、澳门盆景协会会长陈荣森先生，对岭南盆景艺术情有独钟，且有较高的艺术造诣，为在国内、国际推动岭南盆景艺术不遗余力，为弘扬和发展岭南盆景艺术做出了积极的贡献。

图1-4 苏伦盆景作品

　　岭南盆景艺术初具雏形后，迅速形成了以广州为中心，逐步向佛山、南海、顺德、东莞、中山、惠州、江门等经济较发达的地区发展的格局。20世纪60年代初，广州市政府拨出专款，在流花湖畔创建了岭南第一个盆景创作基地广州流花西苑（图1-5）——岭南盆景之家，调派孔泰初、苏伦为技术指导，专业大批制作岭南盆景，供游客欣赏，并不断开发岭南盆景艺术培训班，开展交流、创作活动。流花西苑占地 $3hm^2$，苑内陈列岭南盆景作品超800盆，有九里香、福建茶、雀梅、榆树、红果、朴树、罗汉松、火棘等30多个树种。在苑内还保留着岭南"旧式古树"盆景作品；还有一代宗师孔泰初以及有"酸味王"之称的黄磊昌遗作。

图1-5 广州流花西苑——岭南盆景之家

与此同时，在广州市政府领导的关怀下，成立了以谭其芝为骨干的岭南盆景艺术第一个社团组织——广州盆景艺术研究会。1980年复会并改名为广州盆景协会，时任副市长的林西亲任名誉会长，指导盆景艺术活动。佛山、中山、顺德、南海、江门、东莞、增城、惠州等地纷纷成立盆景协会，组织广大盆景爱好者开展岭南盆景的创作研究活动，并取得了显著的成就。

（四）岭南盆景艺术方兴未艾，再创新辉煌

在岭南盆景艺术先辈们开创基业的基础上，岭南盆景艺术从中心地区逐步扩展到深圳、珠海、湛江、汕头、韶关等后来居上的地区。在艺术创作水平方面，相继出现了新一代的获得岭南盆景艺术大师称号的陆志伟，以及刘仲明、陆志泉、李伟钊、谭炳煌、谢克英、黄就伟等，青出于蓝而胜于蓝，他们创作的盆景作品多次参加国内、国际盆景评比展览，并多次荣获最高奖项，为弘扬、发展岭南盆景艺术做出了新的贡献，把岭南盆景艺术又推进到了一个新的阶段，提高到了新的水平。

岭南盆景艺术的形成和发展，不但在于创作实践，还在于理论的研讨。从1962年开始，岭南地区就不断出版盆景艺术书籍，特别是香港伍宜孙先生编著的《文农盆景》，广为流传，促进了岭南盆景文化的传播。此后，1985年，孔泰初、李伟钊、樊衍锡编著的《岭南盆景》；1990年，刘仲明、刘小翎编著的《岭南盆景艺术与技法》；1995年，吴培德主编的《中国岭南盆景》；1998年，余晖、谢荣耀主编的《岭南盆景佳作赏析》，以及广东各地盆景协会编撰的有关盆景作品介绍资料等，为继承、弘扬和发展岭南盆景艺术起到了很大的推动作用。

（五）岭南盆景艺术传播友谊，饮誉国际

岭南盆景艺术经过近百年的历史，数代艺人不懈地努力，取得了可喜的成就。

20世纪60年代，周恩来总理出访埃塞俄比亚时，特选了孔泰初创作的雀梅《春复春》等四盆岭南盆景精品赠送给塞拉西皇帝。广州市政府专门派盆景艺人梁深随机护送，并布展于该国的皇宫中，受到当地官员的高度赞扬，为弘扬岭南盆景艺术，促进中埃友谊做出贡献。

1986年4月，我国参加在意大利举办的第五届国际花卉博览会，岭南盆景作品获得中国送展作品四枚金牌中的三枚，银牌一枚；随后，岭南盆景作品被先后分别选送到英国、比利时、加拿大、德国、美国、印度尼西亚、日本等国家举办的花卉博览会展出，获得奖牌甚丰，得到极高的赞誉。

1986年10月，英国女王伊丽莎白二世访问广州时，时任外交部部长的吴学谦与广东省省长叶选平亲选了苏伦创作的九里香《九里香传万里》的岭南盆景作品，作为珍品赠送给英国女王。英国女王回赠英国橡树，并亲自栽种在广州盆景之家中，象征着中英两国人民友谊万古长存。

岭南盆景作品曾多次被选送香港及澳门盆景展览，多次参加在我国举办的国际、国内各类花卉盆景展览，在广东省内多次举办的粤、穗、（香）港、澳（门）、台（湾）盆景展览，获得不少殊荣，取得骄人的成绩。

日本盆栽专家昭基彦田观赏了岭南盆景作品后称赞"中国岭南盆景正是回归自然、返璞归真的极好观赏作品"。英国爱丁堡皇家植物园的专家参观完岭南盆景后，认为岭南盆景艺术作品具有"天工人可代，人工天不如"的魅力。

二、岭南盆景的艺术特色

历史上广州是较早开放的通商口岸，思想较为开放，文化兼容并蓄。岭南盆景与其他流派盆景在内涵和追求目标上是一致的，都是追求诗情画意，形神兼备；艺术手法都是源于自然和高于自然；造型和枝法都是借鉴国画的笔法和画理。但在表现形式和制作技法等方面，岭南盆景与其他流派盆景又有显著不同，从而形成截然不同的艺术风格及特色，主要表现在以下方面：

（一）近树造型，注重细节

岭南盆景以近树造型为主，注重细节，表现野趣自然，外秀内遒。这种近树造型，主要体现在枝法上的精雕细刻。岭南盆景的枝法多种多样，有鹿角枝、鸡爪枝、跌枝、垂枝、风吹枝、自然枝、回头枝、对门枝、旋枝等。

（二）蓄枝截干，浑然天成

在制作技法上，其他流派盆景以缚扎为主，而岭南盆景则以剪截为主，亦即以蓄枝截干作为主要的制作技法。所谓蓄枝截干，就是根据树胚和造型的需要，对树干进行裁剪，对枝条进行蓄养和截短，让其顶端萌发新枝，待长到大小合适再进行裁截，如此反复，使树干矮化柔顺，枝条曲折有力，劲如屈铁。这种独特技法，使盆景雄浑刚劲，野趣自然，是岭南盆景深厚功力的体现。

（三）法一形万，型式多变

岭南盆景在师法自然又高于自然这一艺术法则下，广集博采大自然的奇树异木，古木新枝，又不拘一格，不墨守成规，其型式千姿百态。经过几十年的探索积累，创造了单干式、双干式、一头多干式、悬崖式、水影式、附石式、水旱景式、丛林式，以及直树型、大树型、飘斜型、古榕型、木棉型、古松型等型式。体现了岭南盆景的表现形式丰富多彩，变化无穷。

（四）章法严谨，美在协调

岭南盆景的近树造型，不但要求整体优美协调，而且对每一个组成环节如根、干、枝、梢、叶都有一套严谨的章法。根要舒张，盘曲有力。不同树形对根也有不同要求，如大树型配盘根，飘斜型配偏根，木棉型配板根，悬崖、水影型配爪根等；干布纹节，躯体嶙峋，结顶自然；枝托粗劲，争让得法，轻重有序；梢分前后，偃仰得宜，密而不实，疏而不散；叶贵细小，疏密相宜，前不掩后，交相辉映。树的整体脉络相通，顾盼传情，还讲究树、盆、几架的协调配合。

（五）四季情趣，动感传真

岭南盆景讲究通过修剪和摘叶技巧，鲜明表现出四季不同的景象。春季抽芽，新红点点；夏季浓郁，翠盖如云；秋季金风，黄叶飘零；冬季寒天，枝秃梢露。四季时趣，赏心悦目，触景生情，令人神往。通过意境的创造，赋情于树，托树言志，使之景在盆内，而神溢盆外，体现了岭南盆景的形神兼备，形式美与内涵美的统一。

【相关链接】

一、中国盆景发展概况

盆景是在盆栽的基础上发展起来的，盆栽是盆景的雏形。盆栽是将未加工的植物栽于盆中，盆景是一种造型艺术品，是集园林栽培、文学、绘画、雕塑等艺术为一体的综合性造型艺术，是"形、神、意、趣"兼备的艺术品。

盆景起源于中国，至少5000年前我国就已经具备了产生盆栽技艺的艺术土壤。根据现在的考证资料，中国盆景的发展史可以归纳成以下几个阶段。

（一）原始阶段（公元前5000~公元前206年）

即新石器时期出现的草本盆栽。它是世界上迄今为止发现最早的盆栽，是盆景的起源形式。这个阶段的主要特点是，从引种或生产转向以观赏植物的自然美为主，多流传于民间。

（二）关键时期（公元前206~公元220年）

汉代是我国盆景形成的关键时期。早在西汉时期，张骞出使西域，采用盆栽方法引种石榴。这是我国迄今为止最早的木本植物盆栽的文字记载。从此完成了草本盆栽向木本盆栽的过渡，并为汉代岳景的出现打下了栽培技术基础。

据记载，"东汉费长房能集各地山川、鸟兽、人物、亭台、楼阁、帆船、舟车、树木、河流于一岳，世人誉为'缩地之方'"，这就是所谓的岳景。从中可以看出，岳景已不再是原始的盆栽形式，而是在盆内表现自然景观的真正的盆景艺术。盆景已开始讲究"一景、二盆、三架、四名"。

（三）意境飞跃阶段（公元220~1279年）

主要是唐宋时期。此时是我国盆景发展的重要转折时期。这个阶段的主要特点是盆栽者应用山水画理将山石与植物组成"景"浓缩于盆景之中，使盆景有了诗情画意。1972年在陕西发掘的章怀太子墓（建于706年）甬道东壁上生动地绘有"侍女一，双手托一盆景，盆中有假山和树"。

宋代赏石标准也更为明确，对石品研究取得了新的突破。大书画家米芾爱石成瘾，他论石有透、漏、瘦、皱之说，这一品石标准一直影响至今。同时，树桩和山石的配置也有了一定的水平，出现了树石盆景、山石盆景。这个时候，盆景（当时还叫盆栽）开始随着佛教传入日本。

（四）体量飞跃阶段（公元1279~1368年）

主要反映在元代些子景上。些子景即小型的意思，它使盆景朝着小而精的方向发展。这应归功于元代高僧韫上人，他的些子景对元代以后的盆景制作和衡量标准都产生了深远的影响，对盆景的推广普及起到了促进作用。

（五）盆景著书飞跃阶段（公元1368~1912年）

主要是明清两代。其主要特点是有关盆景理论和制作的专著不断出现，盆景技艺渐趋成熟，盆景理论得以升华与飞跃。如屠隆的《考槃余事》、王象晋的《群芳谱》、吴初泰的《盆景》、文震亨的《长物志》、陈淏子的《花镜》和林有麟的《素园石谱》等。在盆景理论上，对盆景树种、石品都有了较系统的论述；在盆景类别形式上，更加多样化，除了山水盆景、旱盆景、水旱盆景外，还有带瀑布的盆景。

（六）停滞阶段（公元 1912～1978 年）

清朝末年至中华民国时期，是一个政局动荡的时期，长期军阀混战，经济萧条，我国盆景业日趋衰败，一蹶不振。新中国成立后，盆景得以保护、发展和提高，盆景艺术在继承的基础上不断得到创新。但 20 世纪 60 年代，我国盆景艺术再次陷入停滞阶段。

（七）改革开放后的飞跃阶段（公元 1978～现在）

1978 年十一届三中全会以后，盆景艺术获得了新生，发展十分迅速。从造型技法上来看，立足于创新和改革，新流派、新风格不断出现。在这一时期涌现出许多盆景专著，如周瘦鹃的《盆栽趣味》、冯灌父的《成都盆景》、傅珊仪等的《盆景艺术展览》、吴泽椿的《中国盆景艺术》、胡运骅等的《上海盆景》与《龙华盆景》、崔友文的《中国盆景及其栽培》等。

1979 年，国家城市建设总局园林绿化局在北京北海公园主办了全国"盆景艺术展览"，展出了 12 个省市 34 个单位的 1100 多盆盆景。中央新闻纪录电影制片厂摄制了彩色纪录片《盆中画影》。

1979 年 4 月，国家基本建设委员会下达"中国盆景艺术研究"的科研任务，《中国盆景艺术》一书出版。

1981 年 12 月 4 日，第一个全国性的花卉盆景组织——中国花卉盆景协会在北京诞生。

1982 年 4 月 28 日，江苏花卉盆景协会成立，并于 5 月 1 日与江苏省城镇建设局联合在玄武湖公园举办了规模盛大的江苏盆景艺术展览，展出树桩、山水盆景 1300 多盆。

1983 年，中国花卉盆景协会在江苏扬州举办了全国盆景老艺人座谈会，同时附设了盆景艺术研究班。

1985 年 9 月 25 日至 10 月 20 日，在上海虹口公园由中国花卉盆景协会和上海园林局举办了"中国盆景艺术评比展览"。

1986 年，在武汉召开中国盆景学术讨论会，同时举办了"中国盆景地方风格展览"。

1988 年，在胡乐国倡议下，在北京北海公园成立了中国盆景艺术家协会。

1989 年，中国花卉盆景协会在武汉组织第二次中国盆景艺术评比展览。

中国盆景近年来先后参加了不少国际展览，1980 年在比利时、1982 年在南斯拉夫、1982 年 2 月在荷兰。1982 年春节在香港的国际盆景比赛与展销中，获得了不少奖项，为祖国赢得了荣誉，也获得了较好的经济效益。进入 21 世纪，关于盆景的论著如雨后春笋般涌现，盆景的商品化与产业化也得到了快速发展。我国盆景目前正处于一个大发展阶段。

综上所述，这一时期的主要特点可归纳为全国盆景热、地方风格热、盆景商品化趋势、盆景理论研究有了新的进展。

总之，中国盆景艺术的发展时逢盛世，空前繁荣。盆景艺术理论也正在朝着一个独立的学科分支方向发展。盆景的发展势头可谓方兴未艾。

二、中国盆景主要流派简介

盆景是在我国盆栽、石玩基础上发展起来的，以树、石为基本材料，在盆内表现自然景观的艺术品。它与园林、文学、绘画、雕塑、陶瓷、根雕和书法等艺术有着密切的联系，是一门综合性艺术。

因社会地域和盆景艺术家的个人风格不同，形成了不同的盆景艺术流派。盆景的艺术流派是指在一定的时间内，由一些思想倾向、艺术观点、创作方法及艺术风格相近的创作者所形成的艺术派别，通过作品显示出其本身的特征，而与其他流派相区别。

盆景的艺术流派主要是指树木盆景的流派。各地山水盆景的风格虽不尽相同，但其差别比树木盆景要小得多。就树木盆景而言，人们过去习惯分为南北两大派系。南派以广东为主，还有广西、福建等地，也称岭南派。北派树木盆景主要分布在长江流域，如上海、江苏、浙江、安徽、四川等省市。目前，我国盆景界所公认的树木盆景流派有扬派、苏派、岭南派、川派和海派五大流派。

（一）扬派盆景

扬派盆景以扬州为中心，代表江苏省北部地区的盆景艺术风格，代表人物有万觐棠、王寿山等。扬州盆景相传起源于隋唐，到明清已很盛行。扬派树种多以松、柏、黄杨、迎春、六月雪、银杏和罗汉松等为素材。扬派盆景贵在自幼栽培，以人工剪扎为主，精扎细剪，以扎为主，以剪为辅。根据国画"枝无寸直"的画理，应用棕丝将枝条扎成蛇形弯曲，密至"一寸三弯"，并使枝叶剪成极薄的"云片"状，云片多少视树木大小及树形而定，可一至九片。"云片"1~3层称"台式"，多层称"巧云式"。扬州盆景在艺术造型上如今也有较大的突破和创新，提出要求自然，反对矫揉造作（图1-6）。

扬派盆景艺术风格：严整壮观、纤巧幽雅。

图1-6 扬派盆景

（二）苏派盆景

苏派盆景艺术以苏州为中心，扩展至长江以南的许多地区如无锡、常州、常熟等，代表人物有周瘦鹃、朱子安等。树种主要有雀梅、榆、梅、枫、石榴、六月雪等。苏派盆景以树桩为主，其传统造型为规则式，在内容和形式上受到一定的格局和清规戒律的限制，即将干弯成六曲，再选择定位留九个侧枝；左右分开，每边扎成三片，谓"六台"；后面扎成三片，谓之"三托"；顶端加一片，即"一顶"，总称为"六台三托一顶"，再用棕丝扎成圆片。现今，苏派盆景有了新的发展，破除了传统的造型所限，逐步形成了"以剪为主，以扎为辅"和"粗扎细剪"的艺术手法（图1-7）。

苏派盆景的艺术风格：老干虬枝、清秀古雅。

图1-7 苏派盆景

（三）岭南派盆景

岭南派是以广州为中心，包括广东、广西、福建广大地区的盆景艺术流派，代表人物有孔泰初、莫珉府、素仁和尚、陆学明、伍宜孙、陆志伟、刘仲明等。岭南树木盆景造型受岭南画派影响，在实践过程中创造了以"截干蓄枝"为主的造型技法，重视修剪，枝干脉络清晰，自然流畅，神韵宜人。树种多采用萌芽力强的雀梅、九里香、福建茶、榕树、榆树等。

岭南派盆景的艺术风格：苍劲自然、飘逸潇洒。

（四）川派盆景

以成都、重庆为代表的盆景艺术流派，简称"川派"，代表人物有李宗玉、陈思甫、冯灌父、潘传瑞等。主要树种有金弹子、六月雪、罗汉松、银杏、紫薇、贴梗海棠、梅花、火棘、茶花、杜鹃等。川派树木盆景造型，既有一定规律，又变化多姿；既有规则式，又有自然式。川派的一些盆景工作者不满足于传统的造型样式，而向自然式发展，现已达到较高的水准（图1-8）。

川派盆景的艺术风格：虬曲多姿、苍古雄奇。

图1-8　川派盆景

（五）海派盆景

海派盆景是以上海地名命名的艺术流派，代表人物有殷子敏、胡运骅等。海派在五大盆景艺术流派中历史最短，可谓后起之秀。海派盆景博采众长，发扬地方优势，在造型、树种和技法上努力创新，形成了自己的风格。海派盆景结构严谨，讲究比例，枝叶分布不拘一格，线条流畅，浑厚苍劲，自然奔放。树种主要采用五针松、黑松、真柏、榆、枫、雀梅、瓜子黄杨、六月雪等。造型上，也吸取了岭南派"蓄枝截干"的手法，营造苍古自然的意境（图1-9）。

海派盆景的艺术风格：自然流畅、苍古入画。

图1-9　海派盆景

（六）其他地方盆景

我国许多地方的盆景都在继承传统，总结经验，撷采百家之长，探索自己的特色和风格。如浙派盆景，近几十年来，以崭新的面貌跻身于我国盆景艺术之林。它以稠健丰茂、层次分明、简洁淡雅、高昂挺拔的高干合栽式盆景见长，并不断创新。南通的盆景，自成一派，常用雀舌罗汉松、迎春、六月雪、五针松等为素材，在造型上，以规则型为主，层次分明，庄严雄健。目前，通派盆景正在不断创新，出现了一批自然型盆景作品，受到人们的欢迎。

中国盆景历史源远流长，不同时期、不同地域有着不同风格的盆景，每种风格都有它的优点，也有它的不足，但是它们总是相互继承、相互吸收、相互促进、不断发展的。

三、日本盆景及其他国家或地区盆景简介

（一）日本盆景

日本盆景称为盆栽，由中国传入，其盆栽组织多，盆事活动多，盆艺采用现代先进技术和设施，经济实力与高科技相结合，形成了系列化服务方式，对提高盆栽水平有极大的推动力，创出了精品生产的路子，诞生了不少佳作甚至极品（图1-10）。

日本盆协据称遍及日本全国，大大小小的盆栽团体有3000多个，各级盆协经常举办盆栽展览艺术磋商会、盆栽演讲会、盆栽品评会、盆栽交换会。盆栽群众基础好，普及率高，学术交流活跃。全国的高水平活动每年有4次：1月的"日本盆栽作品展"，2月的"日本盆栽国风展"，4月的"世界盆栽水石展"，12月的"日本盆栽大观"。"世界盆栽友好联盟"也因此设址日本，日本盆栽风格技术推广发展到了国际上，极大地扩大了日本盆栽在世界上的影响。

日本盆栽以个人领纲，诞生了一批国际名人，较著名的有木村正彦、小松正夫、竹山浩等。

日本盆栽树桩一部分取自山野，但由于资源极其有限，另一部分采用小苗速成培育。形成了养桩基地，初级桩由个人园艺场进行培养，供较高层次进行制作，形成了养胚制作的金字塔结构。

日本盆栽普遍造型工整，树干随意弯曲，树姿雄浑。枝片多成半圆形，四周出枝较多，不太突出枝的基干，讲究工整而不太注重节奏的变化，不注重树与石、水、配件、意境的配合，无命名。构景以树为主。

图1-10　日本盆景

（二）其他国家和地区的盆景

目前世界上喜爱和栽培盆景的国家除中国和日本两国外，还有韩国、菲律宾、印度尼西亚、新加坡、泰国、印度、南非、美国、加拿大、澳大利亚、英国、法国、阿根廷、奥地利、意大利、瑞士、荷兰、瑞典、巴西、新西兰、比利时、捷克和斯洛伐克等。其中东南亚各国盆景受我国和日本影响较深，也有新的发展。东南亚的泰国、新加坡、印度尼西亚、马来西亚以及南亚的印度都地处热带，植物品种繁多，生长迅速，作为盆景成形较快，地理条件优越，可谓得天独厚，纵观其盆景展品，多为大树型（图1-11）。而欧美各国人民，过去重视的是庭园绿化，后来受到日本影响，才对盆景发生兴趣，所以这些国家的盆景造型风格崇尚自然式，甚至将庭园绿化式融入盆景之中。

由于我国改革开放后，与国际交流增多，欧美各国才了解到我国是盆景的起源国，欢迎我国盆艺专家去欧美各国讲学，并做示范表现，人们对富有东方情调特色的我国盆景艺术极感兴趣，从而推动了当地盆景的发展。欧美各国科学比较发达，它们对盆栽技艺以及栽种基质等都有新的创造和发现，值得我们重视和借鉴（图1-12）。

图1-11　新加坡盆景

图1-12　美国盆景

习　题

1. 简答题

1）简述岭南盆景的发展历史。

2）岭南盆景风格形成的条件是什么？

3）岭南盆景艺术特色是什么？

4）简述日本盆栽的发展历史。

2. 拓展题

观看精品盆景录像及实物，熟悉岭南盆景特色及与其他盆景流派的区别。

任务 2　盆景的分类与评比

知识目标
- 了解盆景的分类方法及类别。
- 了解盆景展览布置设计的要点。

能力目标
- 根据环境进行盆景展览布置。

工作任务
- 实地参观当地盆景园，并根据立地环境条件规划设计盆景展览园。

一、盆景的分类

盆景是以山草树木为素材，在盆钵中表现大自然神貌的艺术品。我国盆景的分类方法有很多，现今尚未完全统一。目前常见的一些分类方法主要有一级分类法、二级分类法、三级分类法、按规格分类法、系统分类法等。

（一）一级分类法

在新中国成立初期，只有树桩盆景的分类而没有山水盆景的分类，而树桩盆景也只根据造型样式分为若干式，比较简单。

（二）二级分类法

就是先将盆景分成不同的类或型，再在类或型内分成若干式的盆景。

20世纪70年代后期，根据取材与制作方法不同把盆景分为树桩盆景和山水盆景两大类，再根据盆景样式分为若干式。也有把盆景分为规则类和自然类两大类，再分为若干式。还有将盆景分为树桩盆景、山石盆景、树石盆景、花卉盆景四大类，再分为若干式。以上简称"类—式"分类法。此外，也有"型—式"法，就是根据盆景造型特色，将其分为三大型，再将各型内分成若干式。

（三）三级分类法

采用"类—型—式"三级分类可将盆景分为两类：树桩盆景和山水盆景；五型：规划型、自然型、水盆型、旱盆型、水旱型；若干式：掉拐式、滚龙挂柱式、悬崖式等。

（四）按规格分类法

根据盆景规格大小而将盆景分为特大型、大型、中型、小型和微型。

（五）系统分类法

韦金笙系统分类法：根据中国盆景发展史和第一至第四届"中国盆景评比展览"展出的类型，参考综合要素以及出于便于展览和评比的角度考虑，按观赏载体和表现意境的不同形式，将盆景分为树木盆景（又称树桩盆景）、竹草盆景、山水盆景（又称山石盆景）、树石盆景（又称水旱盆景）、微型组合盆景（又称微型盆景）和异型盆景六大类。

彭春生系统分类法：即"类—亚类—型—亚型—式—号"六级分类系统，将中国盆景分为三类、若干亚类、五型、七亚型、若干式、五个号。

1. 类

依据取材不同而把盆景分为三大类，即桩景类、山水类、树石类。

2. 亚类

桩景类按观赏特性分为松柏亚类、杂木亚类、观花亚类、观叶亚类。山水类按石质分为硬石亚类、软石亚类。树石类也可以分为硬石亚类、软石亚类。

3. 型

依据造型规定是自然还是有规律而把桩景类划分为自然型和规则型，依据用盆构造不同而将山水类划分为旱盆型、水盆型、水旱型和壁挂型。

4. 亚型

根据树桩根、干、枝的造型变化又分为根变亚型、干变亚型、枝变亚型等。

5. 式

根据桩景树木形态、数目和山水盆景布局而把各个型、亚型分成若干式。

式是中国盆景分类的最基本单位，其中：

自然型干变亚型有直干式、斜干式、卧干式、曲干式、悬崖式、枯干式、劈干式、附石式、单干式、双干式、三干式、丛林式、象形式。

自然型根变亚型有提根式、连根式、提篮式。

自然型枝变亚型有垂枝式、枯梢式、风吹式。

规则型干变亚型有六台三托一顶、游龙式、扭旋式、一弯半、鞠躬式、疙瘩式、方拐式、掉拐式、对拐式、三弯九倒拐式、大弯垂枝式、滚龙抱柱式、直身加冕式、老妇梳妆式。

规则型枝变亚型有屏风式、平枝式、云片式、圆片式。

水盆型峰形亚型有立山式、斜干式、横山式、悬崖式、峭壁式、怪石式、象形式、峡谷式、瀑布式。

山盆型峰形亚型有孤峰式、偏重式（对山式）、开合式、散置式、群峰式、石林式。

旱盆型也可以有以上各式。

水旱型有溪涧式、江湖式、岛屿式、综合式。

树石类分类可以参照水旱型等。

6. 号

所有各式又都有大小之分，再依据大小规格可把各式分为5种规格：特大号、大号、中号、小号和微号。

二、盆景的盆钵、几架和配件

盆景是供人们欣赏的造型艺术品。盆景有"一景二盆三几架"之说。一件优秀的盆景作品，除了好的景外，还需有好的盆钵、合适的几架、恰当的点缀等。

（一）盆钵

盆景用盆主要有桩景盆和山水盆两种，桩景盆底部有排水孔，而山水盆的底部没有排水孔。盆的样式有许多种，按盆的形状可分为圆盆、方盆、腰圆盆、椭圆盆、长方盆、菱形盆、扇形盆、海棠盆、菊花盆等（图1-13）；据高度分有浅水盆、浅盆、斗盆、筒盆等；按盆材料的不同，可分为紫砂盆、釉陶盆、瓷盆、石盆、云盆、水泥盆、泥瓦盆、塑料盆、竹木盆等。

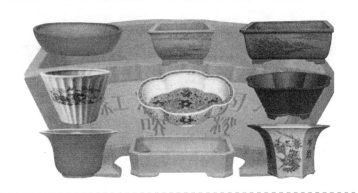

图1-13　形状各异的盆景盆

1. 紫砂盆

紫砂盆产于江苏宜兴等地，其色质古朴、幽雅，极富民族特色，同时制作精巧，实用价值和艺术价值较高。盆的色彩丰富，有紫红、大红、枣红、青蓝、墨绿、紫铜、白砂、淡灰等。同时又有多种形状，有方、圆、六角、八角、菱形、椭圆、扇形及象形等。主用于树木盆景和树石盆景，也可用于山水盆景（图1-14）。

图1-14　紫砂盆

2. 釉陶盆

我国许多地方出产釉陶盆，以广东石湾的产品为佳。釉陶盆用可塑性好的黏土做成陶胎，表面涂上低温釉彩，烧制而成。这种盆大多质地较疏松，素雅大方。其颜色、形状各异，内壁无釉，底部有孔的多作树木盆景用盆；浅口、底部无孔的是山水盆景用盆（图1-15）。

图1-15　釉陶盆

3. 瓷盆

瓷盆产于江西景德镇、河北唐山、山东淄博等地，是采用高岭土经高温烧制而成。质地细腻、坚硬外表美观，色彩艳丽。盆上多绘有山水、花鸟、人物图案等，工艺精致，具有很高的艺术价值。但这种盆不吸水透气，不宜直接栽种植物，多用作套盆或山水盆（图1-16）。

图1-16　瓷盆

4. 石盆

石盆主要产于云南大理，四川、广东、山东、江苏等地也有出产，是采用汉白玉、大理石、石矾石、花岗石等天然石料，经锯截、雕琢加工而成。石盆质地坚实、色淡素雅，色泽多样，常见的有长方盆、椭圆盆、圆盆等。石盆因透水性差，多作山水盆景用盆（图 1-17）。

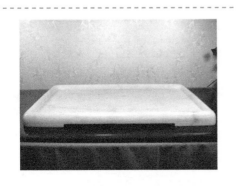
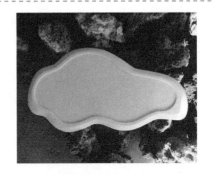

图1-17　石盆

5. 云盆

云盆产于广西桂林等地，由石灰岩洞中的岩浆滴落地面凝聚而成，边缘多曲折，为天然石盆，极富自然美，产量极少，是石盆中的珍品，多用于树木盆景（图 1-18）。

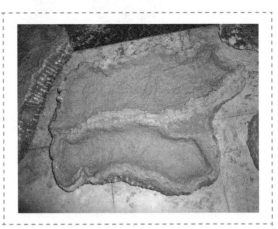

图1-18　云盆

6. 水泥盆

水泥盆即用水泥制作的盆景盆，可自己制作。水泥盆用高强度等级的水泥，加入适量的沙子和石粉，用水调成浆，再倒入事先制好的模子内，干后即成。这种盆价廉、坚实耐用，可自行设计。还可加颜料调色，调成各种色彩的水泥盆，大的盆还要加入钢筋以稳固，多用于大型山水盆景（图1-19）。

图1-19　水泥盆

7. 泥瓦盆

泥瓦盆又称瓦盆、素烧盆，各地均产。泥瓦盆用黏土烧制而成，质地粗糙，透气性极好，是制作盆景的常用盆，特别适于养胚（图1-20）。

图1-20　泥瓦盆

8. 塑料盆

塑料盆各地均产。这种盆顾名思义用塑料制成，色彩多样，形状各异，不透水，易老化。其可作树木盆景用盆，特制的还用作山水盆（图1-21）。

9. 竹木盆

竹木盆产于江西等地，以竹木为原料稍为加工而成。竹木盆朴实无华，呈自然之美，透气性好，但易腐烂，用于树木盆景，最好作套盆（图1-22）。

（二）几架

几架又叫几座，是用来陈设盆景的盆座和架子。几架是盆景艺术形式三要素之一，它并不是可有可无的盆景附属品，而是整个盆景艺术的组成部分，配置得好，会为盆景增辉，提升盆景的艺术效果。因此，几架的形状、大小、高矮、材质和工艺对盆景的配置起着重要作用。盆景配上合适的几架，可使盆景显得更突出、精致和珍贵（图1-23）。

图1-21　塑料盆

图1-22　竹木盆

　　几架按制作材料分有木几架、竹几架、天然树根几架、陶瓷几架、水泥几架、铁质几架等。木质几架常用红木、楠木、紫檀木等高级硬质木料制成，古朴典雅，较为昂贵；也有用普通木材制作再涂以油漆的。木质几架主要用于室内（装饰）陈设。竹质几架用竹子加工而成，自然朴素，色调淡雅，身架轻，其多见于南方，一般用于室内陈设，用久易松动。陶质几架用陶土烧制而成，形状各异，色彩不同，经久而不变色。陶质几架室内外陈设均可，使用时应小心，不要碰碎。水泥几架用高强度等级水泥制成，多用于室外陈设，放置大型盆景，常见于盆景园中，形式自由。铁质几架用金属弯焊而成，常做出各种流线的形状，配以图案，多与玻璃结合，有很强的装饰性。

　　几架根据放置的位置不同，可分为落地式、几案式和壁挂式。落地式几架较高较大，直接放置地上，常见的有鼓凳、柱础、四拼圆桌、圆几、方几、条几、双连几、茶几、落地式博古架等；几案式几架较小，一般放在桌案上，有两搁几、四搁几、陶几、书卷几等；挂壁式几架主要指把博古架挂在墙上。

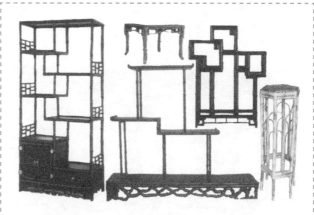

图1-23　盆景几架

（三）配件

盆景配件指盆景中植物、山石以外的点缀品，包括人物、动物、小船、小桥、园林建筑物等。配件虽小但作用极大，在突出主题、创造意境方面起着重要作用，在盆景创作中可以丰富思想内容、增添生活气息和情趣，有助于渲染环境等，还可起到比例尺的作用，体现盆景小中见大的特点。盆景配件品种繁多，形式多样，有陶质、瓷质、石质、金属制品，也有玻璃、塑料、木材、砖雕和泥雕等（图1-24）。

1. 陶质、瓷质配件

陶质、瓷质配件用陶土烧制而成，有上釉和不上釉两类。这两类配件不怕水，不变色，易与盆钵、山石调和，是盆景中应用较多的配件，以广东石湾产的最为有名（俗称石湾公仔）。石湾配件造型生动，色泽古朴，制作精细，是盆景配件中的上品。

2. 石质配件

这种配件多用青田石或其他石材雕凿而成，有淡绿、灰黄等色。石质配件均为山石本色，与山水盆景极为协调，但较粗糙。

3. 金属配件

这种配件用铅、锡等易熔金属浇铸而成，外加颜色。可成批生产，耐用，但不易与景相配，多用于松质石料易长青苔的盆景。

4.其他材料配件

除了上述的几种，还有用木、象牙、砖、蜡等材料制成的配件。这些配件如果制作较好，配置得当，也可取得很好的效果。

图1-24　盆景配件

三、盆景展览与评比

盆景展览是盆景应用的主要方面，是盆景欣赏的主要形式之一。盆景展览不单纯是陈设艺术，它实际上是一项极其复杂的系统工程：组织动员、场地规划、场地准备、展品筛选、包装运输、陈设布置、养护管理、安全保卫、评比发奖、撤展收尾，一环紧扣一环。

（一）组织动员阶段

1. 组织动员

由主办单位向参展单位发出通知，文件中要写清展览会的名称、目的、意义、参展时间、地点、规模、参展单位、各单位参展任务（数量），并且明确展览会指挥部成员及其分工（总指挥、副总指挥、总体布置设计负责人、评委负责人、秘书组负责后勤、保卫、养护、新闻发布的秘书长、副秘书长等），同时也要明确各参展单位的负责人以及展出注意事项和具体要求等。

2. 场地规划与财务预算

展览会指挥部要在了解和掌握参展单位、数量的基础上，结合展出现场具体情况及时制订展览布置规划，并画好布置设计图。展览会布局可大体按出入口序幕——高潮——结尾安排，设计图上注明展出总面积、各单位展出位置及面积、展架分配等。现场如有干扰和障碍物应及时排除。大会指挥部要做好财务支出预算并请求上级审批拨款或联系赞助。

3. 展品筛选与收集

为把真正代表当地（参展单位）水平的盆景送上展出，各单位必须组织当地盆景界有较高鉴赏能力的人进行筛选把关，严格控制数量和质量，要绝对按照大会指挥部下达的任务指标选送。如有变动应及早向指挥部汇报。

（二）展前筹备阶段

1. 包装运输

目前参加国内大的展览，参展人或单位可使用的运输工具有火车、汽车、轮船、飞机（随身携带）等。更多的情况下是用汽车，因为用汽车运输机动灵活。运输工具决定包装形式。汽车运输关键在于固定盆景。汽车装运固定法有：

1）两固定法：盆景固定在包装箱内，包装箱固定在汽车里。

2）埋沙固定法：车槽中先填 30~40cm 湿沙放上盆景，再填 10cm 湿沙。

3）沙发椅固定法：盆景直接固定在客车的沙发椅上。

4）"井"字形固定法：车槽内将木杠固定成"井"字，"井"字中固定盆景，小盆景填空。

5）竹竿固定法：为保护枝片而将竹竿两端固定在板条箱上，用竹竿夹住枝片，以防途中把枝片吹断。为了提高包装运输质量，今后应采用集装箱的形式。

2. 陈设布置和注意事项

盆景展览可以在室内展览馆进行，也可以设置专门的盆景园。盆景运到展览现场后，大多是由参展单位派出园林设计师、画师和木工自己现场设计施工（图 1-25）。

（1）盆景陈设布置　首先，要考虑主题思想及展出风格。如 1979 年国庆期间第一次全国性盆景展览会中，广东馆的立意就是要创造一个"南国风光"的岭南风格并具有浓厚的生活气息，使观众在广东园林里欣赏广东盆景并产生亲切感，从而得到艺术享受，取得理想的艺术效果。加之将盆景放置在具有浓厚的地方色彩的斑竹几架之上，布置富有南国园林特色的鱼眼篁竹棚和松木曲廊且在周围衬以各种南方植物，朴素典雅，地方色彩浓郁。

其次，要考虑主景突出，分组布局。布置展览，要把展览室（架）分割成若干个区域，盆景分组，几架也分组（或隔断空间），每组中即每个小空间中，要有主有次、高低错落、上下呼应、疏密有致，形成艺术整体，达到统一协调。

再次，要确定好参观路线，出口、入口设计合理，引导观众有序进行浏览。

图1-25　盆景的陈设布置

（2）展览馆陈设盆景的注意事项

1）盆景是展览的主体，环境只是起到衬托盆景的作用，布展时一定要注意突出主体。陈列厅的单个空间不宜太大，可将一个较大的空间划分为几个适当大小的小空间。厅内要求光线和空气流通性要好，以利于观赏和盆景植物生长。

背景多用白色等单色，盆景配上几架后最好放在特设的展台上，展台应靠边放置，色彩应稍深些，与背景色有所区别。

2）同一风格流派的作品应放在一起。如果参展的盆景作品较多，并且分属于不同风格流派，布置时应将同一流派的作品陈设在一起。同时还要注意陈设用品也要特点突出，各具特色。

3）整个展览馆的盆景陈设一定要有节奏感。不同类别、形式、大小的盆景应间隔放置。如山水盆景与树木盆景间置，曲干式与直干式间置，悬崖式与直干式间置，大盆景与小盆景间置，观花观果盆景与观叶盆景间置等。一般放置的前后层次不宜超过3层。盆景与盆景之间也要相互呼应和衬托。如悬崖式树木盆景的下方可放置山水盆景，雄伟壮观的大树形盆景后边则可放置体量稍小的丛林式盆景。

4）盆景作品须设说明牌。说明牌不宜大，一般为长方形，可用硬纸、木板、塑料、石片等材料制成。说明牌上应注明盆景的名字，盆景的主要素材，作者姓名、单位等。

（3）盆景园陈设的注意事项

1）盆景园是以盆景为主要观赏对象的园林，相当于长期的室外展览馆。除室内展览要求的统一与变化、节奏与韵律、联系与呼应的要求外，还要注意光照、空气、雨水等植物生长必备的条件，同时要注意冬、夏的保护等。

2）盆景园的陈设用具一般使用砖、石、水泥、陶瓷或钢材等制作而成，讲究牢固性和永久性。

3）盆景园的设计还要考虑与其他园林景观的结合，如厅堂、曲廊、景门、景墙、漏窗等。一般采用古典园林布局，把大空间分隔成若干个小空间。每个陈设空间都要有一个或几个较突出的作品作为本段重点。大盆景应突出个体美；中、小盆景则应注重群体景观。

4）布置盆景园时，还应考虑方便日后养护管理。

（三）展出阶段

1. 养护管理

养护管理要有专人负责。

2. 保卫安全

白天要有专人管，夜间要有专人值班。

3. 评比

评比是盆景展览中一项重要工作，要通过评比评出水平和方向，否则就失去了评比的意义。评比中主要有两个问题要解决，一是品评标准，二是评比办法。

品评标准：目前品评标准众说纷纭，其中有代表性的是耐翁先生提出的八字标准：①树桩盆景品评标准是："势、老、大、韵"四个字，就是说，树势要有紧凑良好的结构，多变化，符合植物生长规律（即表现自然）；植株苍老；气魄浩大；神韵盈溢。②山水盆景也有"活、清、神、意"四字标准，就是说，假的山水让人看起来像真的一样，景中有人，加深景物的感染力（即表现自然）；清静典雅，景物精炼；创作技艺要巧妙，天衣无缝，出神入化（即离神于形）；立意在先，景物要有所指，突出主题思想。上述八字品评标准都是互相依存、不可分割的。桩景重点是树姿美又符合植物生长规律；山水重点是做假做真，有目的有立意。品评时既要抓住重点又要把各个标准灵活运用起来综合细察神韵，深解意境，全面评论。盆景评比用模糊数学的方法比用分割按条记分似乎更合理一些，因为盆景是综合艺术。主要应该评"景"，至于盆、架，只能作为参考。

（四）收尾阶段

1）展品包装、运输，安全运回原送展单位。

2）清理现场，总结经验。

【相关链接】

一、岭南盆景的评比标准和评比方法

岭南盆景历史悠久，改革开放以来发展迅猛，以盆景艺术为主题的展览活动方兴未艾。为促进岭南盆景艺术的普及、提高以及发展，使盆景评比活动逐步走向规范化，广东省盆景协会2008年制订了《岭南盆景评比标准和评比方法》。

（一）评比标准

参评作品要求树气畅顺，枝爪蓄养年功显见，布局合理，成熟。

1）作品的整体造型（30分）：富有诗情画意，型格鲜明，构图优美，布局合理，主次分明，虚实得当，有藏有露，气韵生动，顾盼传神，互相呼应。

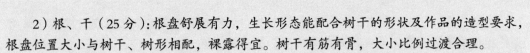

2）根、干（25 分）：根盘舒展有力，生长形态能配合树干的形状及作品的造型要求，根盘位置大小与树干、树形相配，裸露得宜。树干有筋有骨，大小比例过渡合理。

3）枝法布局（35 分）：运用"蓄枝育干"手法，剪扎结合（剪为主、扎为辅），枝托四处分布，布局合理。枝条流畅有变化，脉络相贯，清晰可辨。幼枝分布均匀，有聚有散，层次分明。

4）配盆（6 分）：盆的形状、大小、色泽与作品配合得当，盆面处理美观、雅洁、大方。

5）题名（4 分）：贴切，精炼，高雅，寓意深长，起到点明作品作用。

6）作品规格

① 特大型盆景：121~180cm。

② 大型盆景：91~120cm。

③ 中型盆景：51~90cm。

④ 小型盆景：16~50cm。

⑤ 微型组合盆景：5 盆以上，树高 16cm 以下。

⑥ 山水盆景：石高 120cm 以内，盆长 200cm 以内。

注：树的高度从盆面上量度，悬崖式以盆口至树尾稍直线长度计算。

（二）评比方法

1）以"公正、合理、公开"为原则，每次展览活动由组委会聘请有关专家组成评审委员会（不少于 7 人），开展评比和监督工作。评委和监委成员，在盆艺中具备权威性、广泛性。

2）评比过程，由评委单独逐件对参展作品按标准，百分制综合打分，统计时去掉一个最高分和一个最低分后，按总得分由高至低排出名次。

注：评分档次。

第一档：占参展作品 5%~10%（91 分以上）。

第二档：占参展作品 15%~20%（81~90 分）。

第三档：占参展作品 20%~30%（71~80 分）。

第四档：60~70 分。

3）监委监督整个评比过程并复审评比结果，对个别评比出现偏差较大的作品，有权提出复评，由评委和监委一起重新评定。

4）组委会在展览期间公布每个评委的评分，并设咨询台回答观众、作者的提问。

二、岭南盆景的鉴赏

欣赏盆景是一种高尚的精神活动，既可娱乐身心，从中得到美的享受，又可净化心灵，给人以奋发向上的力量。岭南盆景，或苍劲雄浑，或潇洒飘逸，无不是美与力、情与景、物与理的结合。它常能"剪裁三尺江山，任君十日盘桓"，正是其艺术魅力的写照。然而对岭南盆景的欣赏，并非人人都能达到一种完美的境界，鉴别是欣赏的基础。若不掌握正确的鉴赏方法，实难领略其艺术的真谛。

如何鉴别岭南盆景的优劣，提高欣赏水平，大体应抓住"真、美、神、新"四字。

一曰"真"。真即真实自然，不矫揉造作。岭南盆景的真，应表现在所塑造的景物要符合自然规律，遵循大自然的生态法则。其一曲一直，一俯一仰，一起一伏，一高一低，一聚一散，都应合乎树木的长势要求，不可牵强而为之。岭南盆景的真，还应要求有强盛的生命力，树势旺盛，生机勃勃，充分体现岭南郁郁葱葱的自然风貌。如树呈病态，精神萎靡，缺乏生机，丧失活力，即形同雕塑，而不成其为盆景艺术。

二曰"美"。大凡艺术，其价值都在于创造美，能给人以某种美感。岭南盆景艺术尤为把美作为追求对象。岭南盆景的美，美在协调。从整体而言，岭南盆景讲究树头、树身、树冠自然流畅；枝托位置得当，疏密有致。该疏不疏，则给人以拖沓之感；该密不密，则给人以空虚之感。岭南盆景的协调，还体现在树与盆钵的配合，包括树形与盆钵形状的协调，树的高矮肥瘦与盆钵的深浅长短的协调，树种皮色与盆钵色彩的协调，树在盆钵中位置的协调等。另外，岭南盆景也很讲究几架的配置。如果把一盆各方面都协调的盆景放在大小、高低、式样协调的几架上，则会更趋完美。所有这些，都是构成岭南盆景整体统一和谐美的重要因素。从局部而言，岭南盆景讲究枝法修炼，枝条蟠曲有力，形如曲铁，任意截取一枝而能独立成景。这是其有别于其他盆景的独特之处，可称之为枝法美。此种枝法美，是功力和时间的产物，非急功近利所能奏效。

三曰"神"。神即神韵，亦称意境。艺术讲究形式美，更讲究内涵美，而神韵和意境正是其内涵美的体现。岭南盆景亦讲究形神兼备。一盆好的作品，不仅要形似，而且要意到。即不仅在形态上反映自然景物，而且在内涵上有丰富深刻的内容。有意境则气韵生动。要赋情于树，托树言志，使之景在盆内，而神溢盆外。挺拔者，要表现顶天立地的轩昂气概；悬崖者，要表现百折不挠的顽强毅力；清秀者，要表现超脱潇洒的清高气节；苍劲者，要表现老而弥坚的坚定意志，如此等等。总之，要给人以丰富的联想和深刻的思考，给人以启迪和力量。如果虽则形似，却一览无余，内涵贫乏，亦觉索然无味。

四曰"新"。新即新颖脱俗，富于创造。岭南盆景的新应表现在造型上有自己的特点，手法上有所突破，意境上给人以新鲜感，选材上大胆开拓新树种。好的岭南盆景作品，虽非十全十美，但往往都有其独到之处，或在造型上，或在手法上，或在意境上，或在品种上，给人以耳目一新的感觉，则能受到赞赏和喜爱。当然，创新并非脱离传统的随意滥造，而是师法传统而不拘泥，师法前人而胜于前人。

以上四字，一般可作为鉴赏岭南盆景的标准。"真"是岭南盆景的基础；"美"是岭南盆景的基础要求；"神"是岭南盆景的灵魂；"新"是岭南盆景发展的生命。其间紧密联系，环环相扣，逐层深入。若达到此四字的境界，乃为高质量的精品。鉴赏岭南盆景，可从此四方面加以综合考察，而得出优劣的评价。

习 题

1. 简答题

1）何为盆景？盆景与盆栽有何区别？

2）简述你对盆景欣赏中"一景二盆三几架"的理解。

3）简述你对鉴赏盆景的理解。

2. 拓展题

1）参观盆景园，做一份盆景展览园的设计方案。

2）做一份组织盆景展览的计划书。

项目2 岭南盆景造型技艺

任务1 枝 法

在树木盆景的造型过程中，枝托形成的一些规范、章法，称为枝法。它主要研究枝托的形状、部位、角度以及枝的气质、神韵。

一盆成功的岭南树桩盆景作品，除了前期树桩胚材的准备，长时间的栽培养护之外，同时还需要后期的一系列的造型枝法等进行创作。

一、枝法在盆景造型中的作用

树木盆景的树形是由根、干、枝、叶等组成的。树枝如人的四肢，是树木的骨架。枝的造型不但决定了叶的布局走势，而且枝与干所组成的"树形骨架"对整个树形的艺术布局起着决定性作用。一件盆景作品成功与否，与其枝法的运用、配合的好坏程度有着密切关系。在实际创作过程当中，如果枝法运用不当，即使有好的树桩，不能发挥树胚的有利因素，也不能创作一件好的作品。相反，有时候一件中等的树胚，运用枝法弥补其不足，利用技艺掩饰树胚的缺陷，往往能培育出一件精品。

盆景树上枝条的发生多属于外展形，为了使枝托在树干上分布合理，疏密有致，层次分明，枝托布局合理，必须处理好枝与枝之间的关系。外展枝的长短，就决定了树形的构图形式。左、右均长，呈等腰三角形构图，给人的感觉是稳重、坚固。一边枝长、一边枝短，呈不等边三角形构图，在稳定中加强了动感，形成灵活、险峻的风范。上、下、左、右枝的长短不一，形成多边形构图，给人的感觉是灵活多变、构图新颖。枝与枝之间相对过密，看上去会感觉一团绿色，过于紧凑，令人窒息，毫无韵味；相对过疏，看上去使人觉得松松垮垮，了然无趣。因此，必须考虑枝法之间的关系，综合考虑枝托的大小比例和形态，每一组枝托对构成整体的作用。

二、枝托的大小、位置和角度

岭南盆景的枝托有一个特色，若将其中的每一条枝剪截下来，单独都可成为一棵小树。这主要是因为它是用截干蓄枝的方法分段培育而成的，每一条枝托的大小、长短的比例及其出托的位置都是十分讲究的。

（一）枝托的大小

从盆景整体来看，一般最下层的枝托最大、最长。越是往上发展，枝托越小、越短。但是也有一些例外情况，比如说飘枝利用的破格手法，构成的树冠呈不等边三角形，显得苍劲飘逸。从单一枝托来看，一般第一节最粗、最短；第二节枝粗为第一节的三分之二，但比第一节长；越是往外，枝越小、越长，这样会比较自然。如若上下大小参差不齐，会觉得杂乱无章，很不顺眼。但是又不要过于规律，如若过于规律，反而会觉得呆板，缺乏生气。在营造枝托时要估计到枝托会自然长大，对于每一节的大小差距，应该要考虑枝托的成长，避免等到作品完成之后，因为枝托长大了而失去比例，丧失美感。

（二）枝托的位置

最主要是第一托（树干上最下一托的位置）的位置，第一托的位置高低对作品的形态有较大的影响，一般以符合 1 ：0.618 的黄金比例定为第一托的起托位置。在过低的部位起托，会使作品形成压抑感，过高的部位起托，如果处理不好（有些高托的作品喜欢用垂枝或跌枝处理），会造成头重脚轻。因此，这个问题在创作开始之前就要仔细考虑清楚，以免后期造成比例不协调。其他托位要根据树干的造型要求来决定。一般在阳面出托，阴面不出枝条。枝托在树干上一般螺旋状排列，整个树冠大致圆锥形。树顶平，才会显得老熟。

（三）枝托的方向与角度

枝托最好平向外发展，尽量避免斜向上生长而使上下枝托交叉，这样枝托间才会层次分明，疏密有致。这样的枝托一般采用截枝分段蓄育，或在小枝还未成熟时进行带枝的方法来塑造。自然萌芽形成的枝与干身的夹角多呈向上的45°角。这就要人为地在枝条未老化前把枝条弄弯，形成合乎造型的枝角，才能符合造型美的要求。

三、枝条的枝脉

枝脉即枝条的脉络，其有主脉、次脉和横角枝之分。枝脉能够使枝条的组织分清主脉、次脉和横角枝，是处理枝条的重要章法。因此，主脉必须起伏变化强劲，节奏明显，过渡自然，长短跨度互用，它一节一节地缩小，伸延方向左右上下地多变回旋，与树干连成一体，自然流畅。次脉（比主脉小）是顺着主脉的气势而生的枝。它的姿态或苍劲，或流畅，仍然是由曲节的角度大小表现出来的，所造成的曲节除能够增加枝条的美感外，也起着调整该组枝条所占的立体空间的疏密、聚散的作用。横角枝，即是侧枝的分枝，相对主枝和侧枝而言需要适当密集。它生长着叶片，具有增加枝条浓密感的作用，其数量多少，可根据树木的造型要求而定。以上三个关系处理得好，就能使枝条的曲节回旋流畅，跌宕而有气势。

四、枝的类型

岭南树木盆景枝的类型，常见有：

（一）鸡爪枝（图2-1）

鸡爪枝具有苍劲深厚、古雅老辣的阳刚之气。其特征是比其他枝条粗短，一般第一段不出侧枝，到第二段之后才出横侧枝。同样，侧枝也在第二段之后才出横枝，横枝可以带叶，也可以再生分支。子枝生成叶丛，有起有伏，有疏有密，脱叶后可见枝形刚劲虬曲呈鸡爪状，故名鸡爪枝。

（二）鹿角枝（图2-2）

鹿角枝具有枝形柔雅、气脉流畅、潇洒自然的特点。其特征是主枝比较瘦长，节与节之间的大小相差不大，间节较疏，与树干形成的夹角较小，方向多呈向上，有一定的规律性，故称为鹿角枝。叶片对生的树种，自然出枝多属于鹿角枝形。

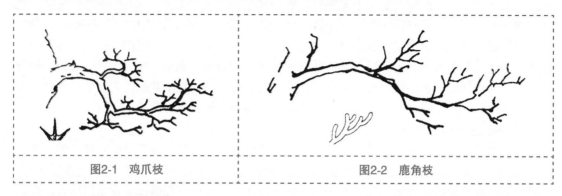

图2-1　鸡爪枝　　　　　　　　　　　　　　图2-2　鹿角枝

（三）回旋枝（图2-3）

回旋枝具有形态雅洁柔婉，婆娑优美的特点。其特征是枝条柔顺，回旋流畅，节曲地向外扩散，伸延到有足够的空间，才生出侧枝。侧枝略微缩小后，再向外伸延，造成扩大树冠覆盖面积的效果，之后在侧枝的末端生出横角枝，蓄成叶序，造型上由小枝构成的小半圆组合成整枝的大半圆。

（四）飘枝（图2-4）

飘枝具有整枝飘洒激扬，轻松舒展的特点。其特征是主枝平行中而稍向下飘，主脉回旋跌宕，曲节流畅。飘枝在造型中最为常用，可用于各种类型的造型形式。运用飘枝可以打破构图的平均、板滞，增强树势的飘逸动感。陆学明大师最善于运用飘枝，在飘枝上下功夫，以求不同的变化和特色，从而创造出自己独特的造型风格。

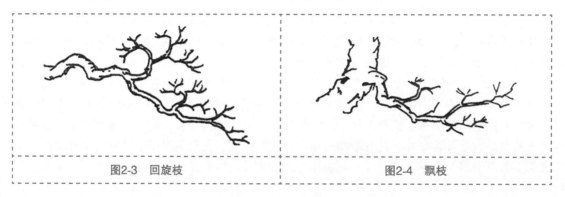

图2-3　回旋枝　　　　　　　　　　　　　　图2-4　飘枝

（五）摊手枝（图2-5）

摊手枝又叫平行枝，具有横展简练、宁静飘逸的特点。其特征是枝与枝之间基本平行，上下延向变动不大，主脉与次脉组成一个水平片状，形成云片状枝形，常见于云片式和迎客松式的造型。

（六）跌枝（图2-6）

跌枝比垂枝苍劲，具有波涛激荡、精雅秀润的特点。其特征是主脉向下曲折跌宕，变化强烈明显，节奏流畅、分明，形成"形"虽垂而"势"不跌的骨架。一方面能增强树势的险峻感和动感，另一方面又能补充高脚部位少枝的空虚感。跌枝要在适当的部位上设置，才能表现出险峻感。在不当的位置上反为不美，生长也比较困难。

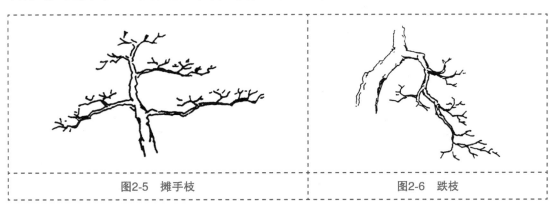

图2-5　摊手枝　　　　　　　　　　图2-6　跌枝

（七）垂枝（图2-7）

垂枝具有整洁如梳，自然柔静的特点。其特征是主脉、侧脉均略呈弧形，枝与枝之间基本平行，向下垂荡，姿态生动，比跌枝更为柔和，少有曲折变化，多用于自然垂枝式的树种。

（八）对门枝（图2-8）

对门枝具有构图严谨、雍容大度的特点。其特征是这种枝形主要是在树干上对称生长。对一般的树形来说，对门枝会显得较为呆板，是不宜采用的，但是木棉树的天然形态特征便是对门枝，所以在创作木棉树型时总是用对门枝来搭配，突出作品的艺术个性。在处理对门枝两边枝条的大小和长度时，要注意不使枝条过于相等，要有长有短，有争有让，形态有别，跌宕流畅，才能减少呆板现象。

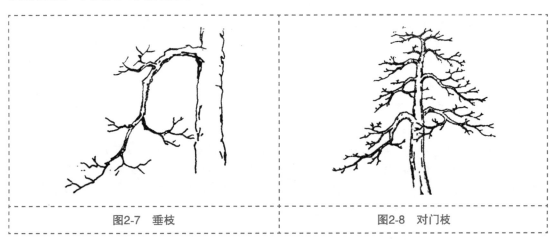

图2-7　垂枝　　　　　　　　　　图2-8　对门枝

（九）风吹枝（图2-9）

风吹枝具有"虽由人作、宛自天开"的风吹景象特点，像受定向风的吹袭，枝条的主脉和侧脉流向、气势统一，风动感强烈。它的特征是枝条的初段曲成弧形（风吹动之状），枝条弯曲之后，全株树的枝条都向着同一方向伸延飘拂，劲直，形成有被狂风吹舞的动感。干势、枝势与风的流向相同的称为顺风势；干势、枝势与风的流向相反的称为逆风势。这种枝法是风吹树型的一种特殊枝法。

（十）自然枝（图2-10）

自然枝具有整洁清秀、自然流畅的特点，是指不用过多的修饰而较自由生长的枝条而言。其特征是每一枝杈大都是附生枝，成"左—右—左"旋转而上，组合成为一个大整体，枝形不繁不乱，井井有条。自然枝常用于竹类、南天竹、文竹、苏铁等植物自然造型。

图2-9　风吹枝

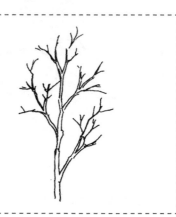

图2-10　自然枝

【相关链接】

脱衣换锦法在岭南盆景造型中的运用

脱衣换锦法是岭南盆景的主要枝法类型，即在作品展出之前，把盆树的叶片全部摘掉，行话称为"脱衣"，让所有的枝条都裸露地展现在观众面前，使人们能尽情欣赏、品评作品。脱衣换锦法最能显示盆景作者运用枝法的修养以及作品的艺术功力。脱衣换锦法以枝条为主要内容去处理画面。要求枝条的大小、长短与整体构图布局形成合理的比例，更重要的是要求枝脉相通、流畅，曲节有度，疏密适宜。因其疏密有度，每一组的次脉互不交缠，造成枝丫气眼通透，密中有气，充满自然神韵。换锦能让一盆盆景作品在短短的时期内，向观众展现大自然不同季节的变化。当一盆盆景被摘尽绿叶时，虬曲的枝爪铮嵘兀屹，如苍劲的古树挺立在隆冬腊月的北国荒原上，会得到苍凉萧瑟的意境。过了一段时间，枝条又开始萌动抽芽，星星点点的新绿挂在枝头，劲枝嫩叶，春色盎然，于是又会出现一幅莺歌燕舞的江南春景，使人精神焕发。再过一段时期，它又绿叶丛生，枝繁叶茂，郁郁葱葱，一派盛夏的蓬勃景象，这样的一展三变，艺术效果是妙不可言的。脱衣换锦法，虽花耗较多时日，但它具有较高的艺术价值，同时观赏期长，深受人们欢迎。

下面介绍雀梅盆景脱衣换锦法造型实例。

图 2-11 是澄海盆景协会副会长蔡有德先生利用脱衣换锦法制作的雀梅盆景。该盆景是一盆一长一短的双干式悬崖，飘垂 75cm，构图严谨，布局自然，很有章法。尤其是作者以熟练的修剪蓄枝技艺表现其技法的力度，塑造出一式三款，款款都入佳境的各个不同阶段的艺术造型，颇具特色。

款一：脱衣——寒梅待春。制作者利用截干蓄枝，精心修剪，使盆树曲折流畅，长短有度，疏密咸宜，并将树叶全部摘掉（脱衣），让树头、树干和枝爪纤毫毕露，一览无遗，展现出其冰清玉洁的美态，有如隆冬腊月，寒梅待春，其高雅、纯洁、刚直的风骨，使人神往。

款二：换锦——春意盎然。盆树经过了一段时间管理，枝梢萌发，抽出了点点嫩叶，犹如换上了锦绣衣裳（换锦），呈现出一派早春二月，春回大地，春意盎然的风光，令人赏心悦目。

款三：盛装打扮——风度翩翩。随着日月的推移，阳光雨露的滋润，悬崖景桩又经过一番培育和修剪，枝繁叶茂，郁郁葱葱，宛如时装模特穿上了夏装（盛装打扮），登台表演，风度翩翩，楚楚动人。

作品最难能可贵的是，制作者有计划而及时地将其三个不同的造型艺术成功地捕入镜头，成为可流传久远的作品，堪称罕见佳作，值得盆景界同仁鉴赏。

a）

b）

c）

图2-11　雀梅盆景脱衣换锦法
a）脱衣　b）换锦　c）盛装打扮

习 题

1. 简答题

1）什么是枝法？在盆景造型中有什么作用？

2）枝托的大小和出托位置在盆景造型中有什么要求？

3）举出下列枝的形态特征①鸡爪枝；②鹿角枝；③飘枝；④对门枝；⑤跌枝。

2. 拓展题

教师提供一件岭南盆景作品，请描述其枝的类型。

 任务 2 岭南盆景造型技艺

知识目标

- 掌握截干蓄枝的原理与方法。
- 掌握树木盆景蟠扎技法的要点。

能力目标

- 能够利用截干蓄枝法进行造型。
- 根据不同类型的树木盆景进行蟠扎。

工作任务

- 针对未成形的树胚，提出其造型方案。

一、截干蓄枝

孔泰初作为岭南派风格创始人之一，首创"截干蓄枝"造型艺术。采用这种整形的方法，枝干和叶比例恰当，上下均称，枝干瘦硬如曲铁，树形顺其自然，不拘格律。"截干蓄枝"是岭南盆景独特的造型技法（图2-12）。

图2-12 截干蓄枝法示意图

a）采用高干形成大树型 b）成长多数新枝 c）桩景雏形 d）成形桩景

截干就是在树桩干的适当位置截断，让截断后所留树干的顶端，长出不定芽来成为新顶梢。截干时要确定裁截的位置并以马耳形斜面截断，切口要平滑，树皮不能开裂破损，以利截口愈合。截口顶端长出主枝不要马上短截，要经过养蓄，一般待主枝生长到主干的 70% 左右，留长一寸多的地方进行短截（枝留芽位两个以上），枝条经过一段时间的养蓄，发芽出枝，经培育增粗，顺乎自然，形成流畅的顶梢。主枝成形以后，又以同样的方法，培养侧枝、小枝。

蓄枝（或称蓄枝修剪）就是有蓄有剪，有剪有蓄，先剪后蓄，剪后又蓄，不断延续的意思。通过对蓄养枝修剪，使每段成节，节上长枝，枝枝成节（枝的每一段为节），节上有枝，密节多枝，如鸡爪、似鹿角，假以年月，苍劲有力；主枝与主枝之间，要相隔较疏，才显得层次分明，分布合理；同一枝托内枝条，相隔要较密，显得密节繁枝。整个树冠的枝条达到疏散密聚，疏密有致的艺术效果。在造型过程中要注意如下几点：

1）掌握植物（桩头）的萌发期和萌发力。岭南盆景所选用的各种素材一般是萌发力强的，而这些植物都有各自不同的萌发期。在萌发期前或萌发期中剪截的枝条，萌芽率特别整齐如意，芽苞壮大。如在植物的非萌发期，或萌发后期剪枝，虽然也会萌芽，但树的生势转弱，直接影响了桩头生长。应在适当时期进行剪枝，才能有利于促萌。如九里香、福建茶、山橘、水横枝等，宜在春末夏初期间剪枝。榕树、满天星在春、夏、秋均可剪枝。朴树（相思）、榆树在小寒到立夏之前剪枝最好。山松萌发力弱，在冬末春初时剪枝较为适宜。而九里香、榕树则不宜在天气过于寒冷时修剪。违反这些规律，容易导致树桩经久不萌芽，造成树势衰弱，甚至死亡。

2）掌握植物的促萌条件。一般的植物摘光了叶子之后即起到促萌作用（剪截枝条同），很快就会重新萌芽（除休眠期）。有些植物，如雀梅、九里香、满天星、榕树等，在全株树仍带叶的情况下作独枝修剪，也能萌芽，很方便剪枝造型。而榆树和朴树（相思）则要全株脱清叶子，才容易起促萌作用。如果对某一枝进行单独剪截，往往会令这一枝迟迟不萌芽，甚至缩枝死亡。但对松树（罗汉松同）修枝，便不能将针叶全部剪掉。如对某一枝条进行修剪时，可先将枝条上的针叶剪去一半，留一部分针叶，枝条顶芽和叶子的蒸腾作用有利于根部水分吸收及主干水分向枝条输送，促发枝条在中部萌芽，待新芽长出，再将要剪截的部分剪掉。

3）注意枝条的生长情况。枝条与树干的大小比例，没有基本准则，一般由作者的设计理念决定，苍劲老辣的大树型宜配壮大的枝条，飘逸潇洒的宜配以瘦小的枝条。注意段与段之间的比例，防止因为横枝的生长而造成首尾大小一样的回旋枝，失去枝条的节奏感。提防枝条生长过猛失去比例，失却美感。

二、蟠扎

在树木盆景造型过程中枝条有合理的曲弯才能表现出苍劲老辣。枝干弯曲是造型不可缺少的重要的内容，通过弯曲来改变枝干原来形式，合理占有空间方位从而达到形式美。岭南盆景枝条的曲弯手段是以剪截为主，蟠扎为辅。蟠扎因用材和方法不同，有棕丝蟠扎和金属丝蟠扎之分。在我国传统的树木盆景造型中，多用棕丝、棕皮来蟠扎，弯曲调整枝干。

传统棕法蟠扎不易伤害植物、工整秀丽，但技术要求高、工时长。金属丝蟠扎易于操作，省工省时，且难拆卸。所以弯曲蟠扎时，可根据作者的喜好及造型需要，选用棕丝或金属丝，也可金、棕并用。

对枝干的弯曲，要了解不同树种的习性，根据粗细，把握好时间季节，灵活运用不同的方法。尤其对主干的弯曲要做到心中有数，能弯到什么程度，就弯到什么程度。亦可分阶段逐步加大弯曲度，弯曲时注意保护木质部和表皮。对于一些粗干造型可弯可不弯，尽量少弯或不弯。小苗培育的盆树材应自幼弯曲蟠扎，山野采挖大型盆景树桩，可通过改变种植形式，或巧借树势来减少弯曲度。

（一）金属丝蟠扎

金属丝蟠扎常用的金属丝有铜丝、铅丝、铁丝，根据蟠扎树材的粗细、韧性、色泽，选择不同粗细的金属丝。因金属丝硬度大，易损植物表皮，可用弹性好且质地软的牛皮纸、棉布、塑料制成带状，将金属丝包缠起来，必要时也可将蟠扎的树干也包缠起来。注意及时拆卸，以防金属丝嵌入木质部。

蟠扎应先主枝，后次枝，再小枝，由下往上、由里往外、由粗至细。将金属丝始端固定，可一根，也可两根并用，贴紧枝干，按金属丝和和枝干呈 45° 角，向上攀绕，至需要位置时，将金属丝末端紧靠树皮，不得翘起。

杂木类在生长季节蟠扎，在半木质化时最适宜，此时枝条生命力特别旺盛，即使折裂，也容易愈合。松柏类宜在休眠期蟠扎。

（二）棕丝蟠扎

蟠扎应选用质柔、有弹性、粗细均匀、比较长的新棕丝。棕丝蟠扎的优点是棕丝的色泽和很多植物树皮、树干的色泽相似，痕迹不明显，蟠扎后即可观赏，而且具有成本低、不传热、不伤树木、易于解除等特点，但是学习难度较大。

操作时视被蟠扎枝干粗细，将棕丝捻成不同粗细的棕绳，根据枝干生长的位置、弯曲形式，找出最佳的蟠扎点与打结的位置。开始的蟠扎点应尽量选择分枝、树节，或粗糙处，以防棕绳滑动。如蟠扎点光滑，可用棉织物缠绕。弯曲间距视枝的粗细，硬软程度，灵活掌握。枝条细软间距可小一些；硬且粗的，间距可长一些，弯曲部内弧处用锯拉口，深度小于干径的 1/2，并用麻皮缠住伤口。蟠扎时间，除传统蟠扎外，自然式造型的可根据需要适时蟠扎。蟠扎对树干有伤害时，可在早春进行，利于伤口的愈合。蟠扎顺序，先扎主干，后扎大枝，再扎小枝。扎枝叶时，先扎顶部后扎下部。

蟠扎后一周内要注意养护管理，浇足水分，叶面要经常喷水。粗干蟠扎需 3~4 年才能定型，一些侧枝小枝需 1~2 年。定型期间根据长势及时松绑，一般 1 年之后即可解除，否则影响正常生长（图 2-13）。

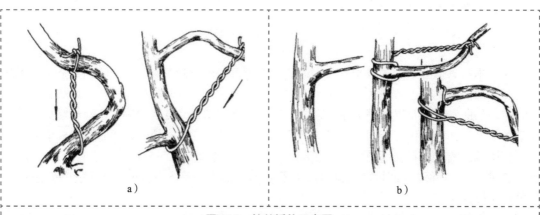

图2-13　棕丝蟠扎示意图
a）棕丝向下弯曲　b）水平弯曲

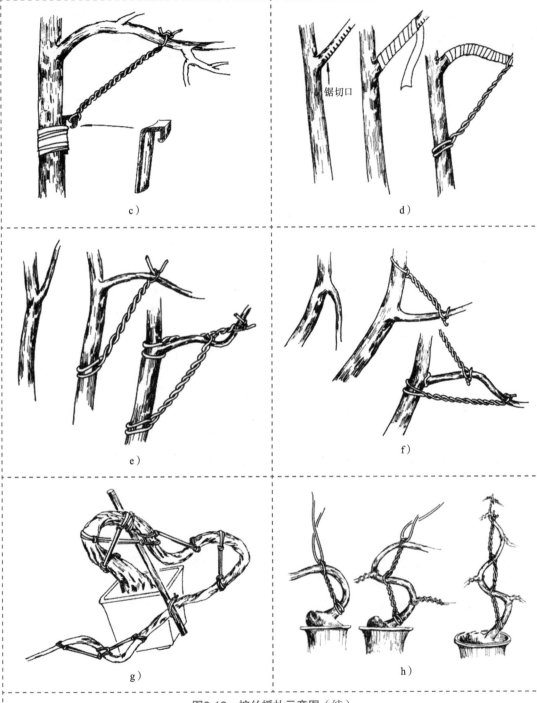

锯切口

图2-13　棕丝蟠扎示意图（续）

c）棕丝固定点向下弯曲　d）粗枝弯曲　e）上扬枝的水平弯曲

f）下垂枝的水平弯曲　g）扭旋弯曲　h）连续弯曲

（三）金、棕并用蟠扎

金属丝对小枝的绑扎时间快、效果好且有力度，但对较粗枝干的弯曲，较为困难。而棕丝蟠扎无论粗细皆可，主要通过两点的收缩，使枝条弯曲，其弯曲的形式，柔多刚少。因此，把金属丝和棕丝并用，能取长补短，刚柔相济。主干枝的弯曲用棕丝蟠扎、牵拉，小枝条的弯曲用金属丝绑扎。

（四）其他蟠扎方法

枝干弯曲除用金属丝、棕绳蟠扎外，还可以利用剖干、锯切、开槽、绞、吊、拉、顶的方法。主干不是太粗，且伤口愈合较为困难的树种，可在中间部位，按垂直弯曲方向切割与弧长相等。切割完毕后，用棕皮或麻皮将切口包扎紧，将棕丝扣套在干的基部，把两股绳绞在一起系在干的上端打活结，弯曲到位后再打死结固定。

三、嫁接

树木盆景嫁接是一种造型方法。通过嫁接不仅可获得优良的盆景树材，而且可加快盆景成形的速度，取得事半功倍的效果。例如，大叶罗汉松嫁接雀舌罗汉松，可以改良品种，提高观赏效果。还可以通过嫁接方法补根、补枝、换冠，使树木盆景的造型更趋于完善。在树木盆景造型过程中，把蟠扎、修剪与嫁接技法结合起来，将起到锦上添花的作用。

提高嫁接的成活率，主要是掌握好嫁接的技术，接穗与砧木的形成层必须吻合对齐、扎紧。接穗与砧木的亲缘关系越近就越易于成活。掌握好嫁接的时间，一般温度在20~25℃最适宜，此时形成层细胞最活跃，分裂快，利于嫁接成活。嫁接前应备好工具，如芽接刀、切接刀、手锯、木槌、修枝剪，以及捆绑所需要的塑料带、麻皮等。嫁接时应尽量做到平、准、快、严、紧的技术要求，这样可提高成活率。常用嫁接方法有：

（1）枝接　选取一年生枝条或当年生新梢作接穗，接于砧木上称之为枝接。常用的枝接方法有劈接、切接、腹接、靠接。枝接的时间于早春树木刚刚萌芽的半个月内为好，选择晴天的早晚进行，阴雨天不宜。采用的方法可根据具体情况来决定，一般情况下，当砧木直径大于接穗时或砧木较粗壮，可采用劈接或切接的方法，如花木类的海棠、石榴、蜡梅、桂花等，松柏类则可选用腹接方法，因为这类树种必须保留枝叶才能存活。而一些珍贵且嫁接不易成活的树种，需采用靠接的方法。

（2）补枝　当一株盆景树其干部缺枝，可选用本体树枝和本体外同属树种，采取靠接方法补枝。在缺枝部位，横向切割坑槽呈口唇状，深达木质部，其切口的长度、深度以和靠接枝切割面能充分吻合为宜。再将选用的丁字形靠接枝的丁字形接面，削成和砧木切口相合的形状，然后将丁字枝靠在上补枝的坑槽内，对准形成层，用带状物扎实。

（3）补根　在山野挖掘到造型优美的树桩，往往因缺根，显得美中不足。缺根部诱发不了新根，可采取靠接方法补根。在树木生长季节里，选择同种树苗，其根的粗细、大小、方向要基本符合砧木缺根的需求，将其掘起，除保留主根外，其余侧根全部剪除，并剪除部分枝叶。在靠接面尽量保留芽点，待接口愈合后，剪除靠接苗上端时，留养该芽点为枝条。靠接的方法近似补枝法。

（4）芽接　是取接穗的芽进行嫁接的方法。在树木盆景造型过程中，芽接可改良树冠，也可作为枝接的补救措施。它的优点是，可在砧木的小枝条上嫁接数个接穗芽，待成活后，根据造型的疏密要求，再剪裁取舍。一些皮层较厚的树种改良，都可采取芽接方法。芽接有丁字形芽接、工字形芽接、嵌芽接、套芽接等多种方法。芽接的时间，最好选在7~8月树液流动旺盛，树皮和木质部容易剥离时进行，芽接要避开雨天，宜在早晚进行，芽接前的4~5天内应对砧木松土、施肥、浇水，促其树液流动，以利剥皮。对换冠的砧木嫁接前需要剪除芽接位置的枝叶，以利于操作。要求砧木芽接部位的表皮，光滑平整，接穗芽除品种理想外，还要腋芽饱满，因芽接时气候较干燥、切割处水分极易蒸发，所以取芽、接芽尽可能一气呵成，取一芽接一芽。

（5）根接　山野挖掘树桩或在翻盆剪栽时，通常能得到比较理想的根型，可采取根接法换冠。在3月翻盆移植时，将形体好的根，放入水里清洗干净，剪除茸根和多余的侧根，根据根的粗细采取劈接或切接方法换冠。采同一树种1~2年生枝条作接穗，保留2~3芽，嫁接成活后，松绑扎物并逐渐将根露出，便得到一盆新的桩景。

四、其他辅助技法

（1）造枝　树干是造枝的基础，枝要靠干来配合，干也是要靠枝来协调，树干的样子决定了枝的长短配置。盆景创作是为了使盆树显出自然古朴的美，制作枝条，必须使前方空出来，使人有远近感和深度感，而背后也要表现出很宽的扩张性景观，这才是成功的，所以，要避免重叠或相互阻碍。

造枝时，靠近干的第一枝节应当粗（或略比主干细），逐渐伸长分叉，交替变细。要有主枝和分枝，但分枝要随主枝弯曲变化，自然流畅。枝、叶和干三者所表现的强度、气势和空间，都能显示出姿态美。空间美是造枝的重点，因此造枝时要考虑叶片的大小，预留出空间，主枝不宜设计太多，以免相互挤塞，要保持空间美。如盆树枝丫不足时，应采用挨枝、接枝或接芽的办法补足，以改变树形，达到完美。盆景创作主要是枝的造型，通过找出盆树内在的优点，配合其本身的生长发育，加上整形的艺术，才能创作出好的盆景。

（2）控芽　包括抹芽、摘心和摘叶。枝条经过剪截之后，经过一段时间就开始萌动，待到芽头苗壮后，要及时将多余的芽苞抹掉，这一工序叫抹芽。及时抹芽既可以使枝条集中优势生长，又可以减少枝条过多出现被剪过的伤口。摘心即打顶，是对预留的干枝、基本枝或侧枝进行处理的工作。摘心可以促进分支，增加造型的灵活性。适当摘叶能促进芽孢萌发，又能使叶片缩小，提高盆景的观赏价值，有人把这种方法称为"脱衣换锦"。摘叶的时间因树种而异。在摘叶期间，应适当扣水，盆土不宜太潮，此外，要经常勤施腐熟的饼肥水，加强通风与光照，以促使萌发新叶。

（3）撬皮　用小刀插入树干皮层轻轻撬动，使树皮（周皮）与木质部局部分离，然后在其分离缝中塞入一些杂物如木屑、泥沙等，经过1~2个生长季，枝干表面出现粗糙，呈现老化。撬皮法适用于树木皮层容易分离的树种，如榕属、榆属等。

（4）雕凿　树干截口的平板面，可用半圆凿进行雕凿处理，力求合乎自然。大根的截口也要雕凿，使新根日后与主根形成自然的分叉，以提高露根的艺术效果。此外，树胚的某些部位必要时也要施行雕凿处理。

（5）挑皮　在树干所需部位用刀将皮层切开，然后用刀尖轻轻将切开处两边的皮层挑离木质部，日后皮层被挑离的部分便会长出新皮而增厚，形成"坑棱"。挑皮时应注意不要把皮挑烂或挑伤，否则会引起烂皮现象，挑皮法适用于福建茶、榆树、相思、红果、榕树及松柏类树种。

（6）打皮　即用铁锤在树干上必要的部位敲打。宜用木工锤扁形的一端，锤打时力度要适中，碰到木质部即可。经锤击的皮层伤愈后会凸起而形成结节。锤打时，锤印要准确而有间隔，比如在10cm长的树干上打，锤口长度是2cm，打5锤就够了。但不要一次性连接打5锤，宜分两次进行。第一次打时每次隔一锤位，等皮层伤口愈合后在空位上再打。因为如果5锤一次性连着打，皮层伤口太长，会导致烂皮而弄巧成拙。打皮法适用于福建茶、榆树、相思、榕树等树种。

（7）打木砧　有的树干，某部位凹陷需要补救，而用挑皮或打皮法的效果都不够理想，可采用打砧木的方法。先用直口凿在所需部位凿一裂口（深入至木质部），再用较硬的竹或木作砧打进去，木砧末端凸出树干的表皮外面，凸出高度视造型要求并考虑树胚该部位的树皮生长能力而定。将来新生皮把外露的木砧头包合，就可填补树干的局部凹陷。此法只适用于树皮生长能力较强的树种，如福建茶、榆树、相思等。

以上造枝、控芽、撬皮、雕凿、挑皮、打皮、打木砧等技法，目的是使树干更显老劲，另可弥补树干纹理的某些缺陷。其原理是利用植物皮层受伤后细胞的再生能力，皮层增生加厚而隆起，形成坑棱、结节，造就出苍劲嶙峋的艺术效果，表现出古拙的天然美。挑皮、打皮、打木砧等法的运用，操作时必须考虑该树能否承受，还应在生长旺盛期进行，收效才理想。梅雨天气不宜进行操作，因为梅雨期伤口长时间滞留水分，会导致细菌感染引起烂皮。另外，还要考虑树种的皮层组织结构，以及树胚挑、打处皮层的健康状况等。若树胚该部位皮层薄弱，愈伤能力差，制作是难以成功的。

【相关链接】

岭南盆景要求枝位恰到好处，但不少树干往往在需要有枝的位置没有长出枝条来，这就需要用嫁接的办法来弥补。另外，为提高盆景的艺术欣赏价值，亦可利用嫁接来"移花接木"。例如，中叶福建茶的头胚嫁接细叶福建茶的枝条，十里香的树胚嫁接九里香枝条等，从而塑造出品种、形态兼优的盆景作品。

嫁接技术用于盆景制作上，不仅要讲究成活率，更要讲究艺术处理，才算是成功之作。下面介绍几种岭南树木盆景造型的常见嫁接方法，这几种方法一般采用靠接或插接的方式，包括丁字形嫁接法、头根嫁接法和榕树型盆景的气根嫁接法。

一、丁字形嫁接法

以往用传统方法靠接枝条，靠接口处必留下一节"脐带"（驳接痕迹）。这节"脐带"是接穗（即靠接的枝条）从砧木（即树身）上吸取养分的必由之路，故直接影响了盆景的美观。为克服这方面的不足，采用丁字形枝条来靠接，靠接成活后的枝条，将两端都截去，只留下中间的横枝，这样，就不存在"脐带"了。接穗只保留了横枝，以后在生长过程中，这点痕迹就会完全消失，看不出有半点人工造作的迹象，增添了天然美。

丁字形嫁接法的操作程序是：选用树胚本身的或同一树种的丁字形枝条，也就是要用有一横枝（分叉枝）的枝条。操作时准备好锋利的嫁接刀及绑扎材料。先用刀在树干需要嫁接的部位切成凹三角的切口，切口大小视枝条而定，再将枝条的靠接部位切成凸三角状，枝条切口之上的枝梢要剪去一些，以减少横枝的消耗，维持横枝的养分。树干和枝条的接驳缝宜紧不宜宽，以免影响愈合。靠接时，两者的形成层要对齐（因为树干的皮层和枝条的皮层厚薄不一），否则，愈合过程和愈合后的生长都不理想。绑扎时要注意将枝条压紧固定不能移位，不要把双方切口周围的皮层（特别是枝条切口周围的皮层）弄伤，以免影响成活效果。成活后将嫁接的枝条两端截去，只留用横枝。嫁接季节视树种而定，宜在生长期进行。

枝条的靠接还可在选优方面应用。例如，中叶福建茶的生长速度较快，缺点是只能开花而难结果；细叶福建茶叶细有花且易结果，但树胚却难以长得粗大，大型树胚更难求。如用中叶福建茶的树胚嫁接细叶福建茶的枝条，运用移花接木的手法，就可以扬长避短。方法是先让中叶福建茶树胚长成一定的大枝托（因其长粗较快），然后嫁接细叶福建茶的枝条，这样收效才快。

二、头根嫁接法

岭南盆景很注重表现盘根错节的头根，而有些盆景作品的树形、枝法布局都很好，偏偏因缺少一两条根就大大减弱了作品的艺术效果。因此，对于一些基础好，但局部缺根的树胚（指嫁接效果理想的树种），宜作人工补根，使其效果更加完美。

嫁接头根也是用靠接法，但较之枝条的靠接难度要大，技术要求也更高。先挑选适合要求的小树（同一树种），只要头根部位适合就可以。另准备嫁接用的工具：锋利的嫁接刀、直口凿、半圆凿、小铁锤、螺丝钉等。

操作开始时把小树挖起，清除根部的泥土，并将部分须根剪去（因移植后须根容易腐烂、坏死），然后，将树胚需要嫁接头根之处的泥挖开，细心观察两者的靠接部位，准确选定靠接口的位置，并用粉笔做记号，然后着手进行下列操作程序。

先把小树用刀将靠接的部位大概切削好，再用凿在树胚需要补根的部位按小树切口的大小比例凿口。凿的时候不能操之过急，要一点一点凿，边凿边拿已切好靠接口的小树去试一试，看看安嵌是否合适，这样才能做到准确无误。双方靠接口的吻合一定要对准形成层。

以上操作完毕，如靠接的头根不大，可用铁钉固定；若靠接之头根较大，就应钻孔用螺丝钉来固定。

还有一点特别值得注意的是小树的靠接口之上要保留部分枝干，以维持小树靠接后的正常生长，提高靠接口的愈合能力，并起到消除嫁接痕迹的作用。待愈合完美之后，再将这部分的枝干截除，截口再愈合后，就可达到天衣无缝的效果。由于小树暂留的枝干日后要截除，故靠接口暂留枝干的部位要尽量细些，以利于日后截除这部分的枝干之后，截口细小便能很快愈合。

头根的嫁接应及早进行，最好是与造型长枝同步进行。这时期树胚生长力强，愈合力也较好，并且有足够时间使靠接口的痕迹消失。这样，树成形之时，头根的靠接也成功了。能采用此法的树种有福建茶、榆树、相思树、榕树等。

三、榕树型盆景的气根嫁接

榕树型盆景，其风格是盘根错节，浑厚苍郁。榕树的头根、树干部分的自然生态特征除了坑棱、结节之外，还有很多气根垂挂，这是"榕树型"盆景的独特之处。

盆景树形的塑造，其树种只要具备能够塑造某种树形的可行性就可选用。例如，可选取一株榆树胚，立意将其培养造就成为榕树型的风格，榆树胚本身的坑棱、结节容易得到，但气根就很难天然生成。这样可以用造型技法进行"嫁接气根"的艺术创作，其操作程序如下。

挑选适合作为气根嫁接的小榆树，要求长根扦插上盆定植1~2年以上，备好嫁接工具和材料。

先将树胚头部的泥土挖开清除，再把用作嫁接"气根"的小树按所需长度截好。其截口依照树胚嫁接部位决定斜口或直口。用刀把截口以下1cm的皮层部分去掉，保留木质部，其作用是与树胚嫁接口的木质部能镶嵌紧密不移位。树胚也应按小树嫁接部位截口的长、短、斜、直情况，用半圆凿凿好嫁接口。操作过程一定要小心细致，双方的嫁接部位要边做边嵌，务必使形成层吻合。

双方嫁接切口操作完成后，可用吊扎法扎紧固定，避免移动摆脱而影响愈合。绑扎固定后，把嫁接好的"气根"理顺，培土浇水后再用薄膜把嫁接口密封绑好，防止细菌感染。

因嫁接"气根"的愈合期较长，要定期检查嫁接口的情况，发现绑扎不牢固时，要及时加固（加固时尽量维持原状，不能移动"气根"）。如果"气根"有新芽长出来，可选留一些作为过渡之用，以增强愈合能力。待愈合成功后再把这些枝条截除。

嫁接"气根"应及早进行，最好在造型长枝期间进行。此期间树势生长力强盛，愈合力较好，并有足够时间使嫁接的痕迹消失，艺术效果更加完美。

榆树"气根"的嫁接，与一般的头根嫁接是有区别的。头根嫁接方式是靠接，用作嫁接的小树的靠接口之上可以保留一定比例的枝干，能维持小树靠接后的正常生长，提高靠接口的愈合能力，待愈合后再把靠接口之上的柱子截去。此外，头根嫁接的季节性要求不严。而"气根"的嫁接是插接，用作嫁接的小树只取其根系部分，不能留取接口以上的枝干。因此，嫁接"气根"的技术要求较高，如嫁接部位的准确性，绑扎紧固的程度，双方嫁接口的对接等等都有要求，嫁接时间最好选择在"小寒"前后进行。

✕ 习 题

1. 简答题

1）简述"截干蓄枝"法。

2）何为"蓄枝"？蓄枝过程中有哪些注意事项？

3）简述蟠扎的技术要点。

4）何为"打木砧"，其有什么效果？

2. 拓展题

1）教师提供一盆未处理过的健壮的树桩，请进行基本的蟠扎、修剪和嫁接等技艺操作。

2）教师提供一件未成形的树胚，请通过绘制图形，提出造型方案。

项目 3   南方树木盆景常见树种

任务1 树桩盆景材料来源

知识目标
- 掌握养胚的相关技术。
- 掌握人工培育树桩的方法。

能力目标
- 采用播种、嫁接、扦插或压条的方法培育树桩。

工作任务
- 采用人工培植的方法培育树苗。

树桩盆景的素材来源于两个方面，即山野树桩的采掘和树苗的人工培植，这两种方法各有优缺点。山野采掘的树桩，其姿态苍老古朴，成形速度快，且成本低，可以培养成为盆景妙品，但受树桩固有形态的限制较大，可塑性小。采用播种、扦插、压条、嫁接、分株等繁殖方法进行幼苗人工培养，造型可塑性大，树木枝干的粗细比例恰当，过渡自然，但成形所需时间较长。

一、采集野生

野生桩材长期经受大自然的风吹日晒、雨浸冰雕、虫咬畜踏，都不同程度地形成了独特的形态，具有浓厚的自然气息和较强的艺术感染力，是树桩盆景的好素材。野生桩材的特点是成形迅速，且易体现盆景古雅的神韵，但破坏野生植物资源。因此，挖取之前一定要先调查，避免挖取的盲目性和浪费。

（一）野生树桩的挖取

（1）地点选择　野生树桩的挖掘地点多在生长条件差、不良因素影响多的地方，比如路边、河塘、溪流由于人畜踩踏形成畸形，或因长年水流冲刷形成露根、提根，可以获得根系较好的树桩；荒山、半荒山、石山、山野林下、峡谷、悬崖峭壁，因日照、土质、山洪、风吹、人砍、动物啃嚼等影响，形成树形古朽，枝干扭曲、树皮开裂，残老奇特的树桩；高山地带因水土流失严重，土层薄，以及气温比较低等恶劣环境的影响，使许多植物常呈伏地状、主干畸形，节间缩短矮化，可以获得老化、矮化的树桩。在环境条件好的地方很少找到理想的树桩。

（2）树桩选择 野生树桩的树种一般以枝细，干短，叶小，萌发能力强，耐修剪，寿长的老桩为佳。树桩形态以苍古奇特、遒劲曲折、悬根露爪为好。

（3）挖掘时间 适当的挖掘时间对树桩的成活很关键。挖掘时间可以根据树种生理特性，并结合本地区气候条件、设备等制定具体时间。落叶树种在秋末冬初开始挖掘，此时树木已开始进入休眠期，容易成活。对于常绿阔叶树种和一些不耐寒的树种，则应在早春后稍晚一些，在3~4月挖掘为好，以免遭受冻害。有些树桩也可以在梅雨季节、微雨或阴天时采挖上盆。在炎热的夏天，不宜挖掘。

（4）桩胚处理 首先要了解资源和环境条件，带好镐、铲、手锯、枝剪等工具，清除要挖树桩四周杂物障碍。然后，为了挖掘方便，要剪去树桩的大部分枝条，仅留主干及部分主枝，但又要考虑为以后造型修剪留有选择余地。对萌发力弱的常绿树，不能将枝叶修光，必须留下枝叶才能成活。挖掘时，先截断其主根，留主根的长度为树干直径的5倍左右，再断侧根。要多留须根，粗根截口要平，以便于其愈合。对挖好的树桩，可先用草绳打好包装，然后再运输。如果树桩不带土球，则要先将根部蘸上泥浆，再用浸过水的稻草和塑料膜包上，捆好后再运输。野桩运到目的地后，要先在阴凉避风处打开包装，进一步整枝修剪后再上盆。

（二）养胚管理

无论用哪一种繁殖方法育出的树木，或是经过山野掘取获得的老树桩，都必须先进行栽植培养一定的时期，叫作"养胚"。

在养胚的同时还要进行树木的造型加工，直至树木的干、枝和根等基本符合盆景的造型要求时，才可栽进盆中。这是培养盆景的多、快、好、省的方法。养胚的主要工作是浇水和施肥，还要做好修剪、摘芽、松土、除草和防治病虫害等工作。

养胚的时间有2、3年，也有10年以上的，要根据树胚的基础情况、树木的种类以及造型要求等而定。如要将一棵树苗培养成大型的树桩盆景，一般至少需要15年以上，松柏类时间更长；而制作小盆景的树木，以及山取的老树桩，一般只需2~5年即可成形。

（1）盆土配制 栽培新桩要求疏松透气，营养丰富，富含腐殖质的土壤。栽植新桩可自己配置土壤，一般可取园土5份、腐叶土2份、腐熟的豆饼渣1份、腐熟的牛粪2份、草木灰2份、黄沙或河沙2份，充分地拌匀后使用。如果培养的树种需要偏酸性的土，比如杜鹃、赤楠、黄杨等，可以选择在松柏树下挖取经过长年腐烂的针叶土，挖回后可与园土掺和使用。

（2）栽植 栽植方法有地栽（图3-1和图3-2）、容器（盆钵或木箱）栽植。要选择土壤疏松肥沃、排水良好、阳光充分的地方养胚。

1）地栽。地栽前应深翻土壤，挖好排水沟，最好在栽植时，掺进1/2山土。树桩宜用干土，根的缝隙易于捣实，浇水后，土和根可紧密融合，利于树桩成活和生长。在南方雨水多，土质黏性大的地方，应采用垄栽法，以利于排水，防治烂根。栽植树桩的土壤，如是下山桩，最好选择素心土，已养胚一年以上的树桩，可用营养土。

2）盆栽。采掘的树桩除地栽外，也可选用泥盆、木箱、箩筐等栽培。容器的大小视树桩的大小而定，一般比日后成形观赏时用的盆大一些、深一些较好，但也要根据树种的特性配盆。底部应留有排水孔，为了透气性良好，可在底部垫层粗砂。喜欢偏酸性的树种尽量不要用带碱性的盆养胚，如例杜鹃不要用水泥盆养胚。有些怕积水的树种，养胚尽量不要用瓷

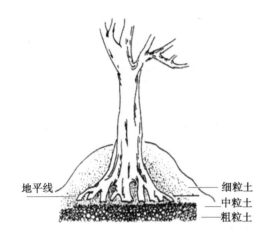

图3-1　地栽

地平线

细粒土
中粒土
粗粒土

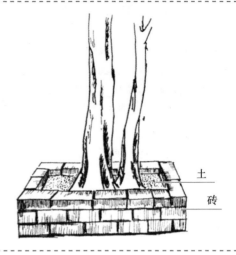

图3-2　砖围地栽

土
砖

盆、紫砂盆，可以用木箱代替花盆养胚，例如松树、柏树等。有些树种成活后根须较少，不便于日后移盆的可以直接在观赏盆中养护，例如杜鹃、檵木等盆栽有利于结合造型加工和精细管理。为了提高盆栽的成活率，可连盆带树埋在泥土里，可保持盆土湿润，促进生根和萌发枝叶(图3-3)。

3）套栽。野外采掘的老桩，根心枯空，树龄老化，新陈代谢功能差，成活率较低，冬季易受冻害，可采取套栽法养胚(图3-4)。树桩栽植地里或泥盆内，用塑料薄膜袋或

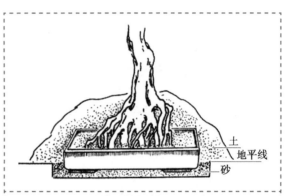

土
地平线
砂

图3-3　"连盆带树"的地栽

其他袋状物将枝干套住，留出顶部芽点位置，周围填土，待叶芽萌发后，再将套袋由上往下逐渐拆除。套栽法可以保湿、保暖，有利于老桩的萌发更新，提高成活率。

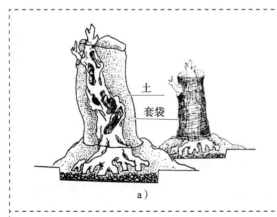

土
套袋

a）

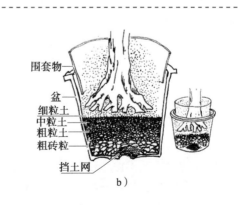

围套物
盆
细粒土
中粒土
粗粒土
粗砖粒
挡土网

b）

图3-4　套栽
a）地栽套栽　b）泥盆套栽

（3）初期栽培管理

1）环境。桩胚的养护一般在背风、向阳、湿润的地方较好。能耐阴的树种可以放在能遮阴的地方养护，比如黄杨、栀子、赤楠等。喜光的树种就要有足够的光照，比如榆树、火棘等，但也要保持一定的湿润。怕积水的树种不能放在太潮湿的地方养护，如松树等。气候干燥时，可用喷雾洒水，保持土壤湿润，切忌积水。

2）浇水。新桩养胚时合理浇水是桩胚成活的关键之一。浇水主要是看盆土的干湿程度，一般是要保持盆土湿润，也要看树种的特性，耐湿的树种多浇一点不要紧，例如黄杨、赤楠等。怕湿的树种就不能多浇，只要保持盆土湿润就行，例如松树、榆树等。对这些树种可以多向树干喷雾，少浇水。"不干不浇，浇则浇透"的方法不适宜养胚。

3）施肥。有些野生树桩，如山榆根部粗大，枝条较少，栽后虽未成活，但由于自身积蓄的养分，也可以促使地上部分枝条萌发新叶，即为"假活"，此时管理不可疏忽，导致前功尽弃，待植株生了新根才算"真活"。一般情况下，新桩当年不施肥。有些生长速度快、耗肥量大的树种，到秋天后也可以少量施肥，例如榆树、对节白蜡等。施肥以施薄肥为主，忌施浓肥，"薄肥勤施"的方法只适合完全成活了的桩胚。采桩养胚要摸清每种树的特性，有针对性地养护，才能提高成活率。

二、人工培植

现代生活对于盆景的要求越来越高，一要速成，二要大批量的树桩材料，光靠野外采集不能满足需要，并且容易对生态环境造成破坏。因此从长远看，人工栽培苗木是盆景用材的必由之路。人工栽培主要途径有播种法、嫁接法、扦插法和压条法，下面就这几种方法进行介绍。

（一）播种法

播种法即以种子繁殖取得苗木。其优点是：植株的生命力较强，枝干可塑性高，可做出各种造型的作品，同时又能一次繁育大量苗木。缺点是：成形时间长，不容易保持品种的优良特性。播种时间、播种方法应视树种不同而选择不同的季节、不同的种子处理方法，苗木长到合适的大小时，可上盆进行盆景制作。

（二）嫁接法

嫁接是获得盆景理想材料的重要手段，常用于生长缓慢、珍稀或播种成活率低的树种。植物嫁接繁殖时，繁殖植物的枝条或芽称接穗，利用其根系生长与接穗或接芽相接的植株叫砧木。把接穗接在砧木的适当枝、干部位，愈合成活后去除砧木上的供养枝叶，营养转换到接穗形成的新植株上的一种无性繁殖方法，称嫁接。嫁接时间一般在春季2~3月。嫁接方法有多头接（砧木为形态具有观赏价值的老树桩，接在形态欠缺处）、嫩枝接、芽接、腹接等（图3-5）。

（三）扦插法

扦插手段是大量繁育苗木的重要方法之一，其中尤以老枝扦插及根插为最好。扦插可以因地制宜，利用现有健壮、有芽的枝条插入苗床、沙床中进行苗木繁殖，在适宜条件下愈合生根成为新的个体。不论老枝或嫩枝，都要选健壮无病虫害，剪口平滑光洁的枝条，有利于生根成活（图3-6）。以罗汉松为例，选取当年生的健康枝条，去掉2/3的叶子，插到准备好的苗盆里，苗盆内填上适量的纯净沙土，然后套上塑料袋，保持扦插盆内小环境的湿度和温度，待生根之后进行分株栽植。

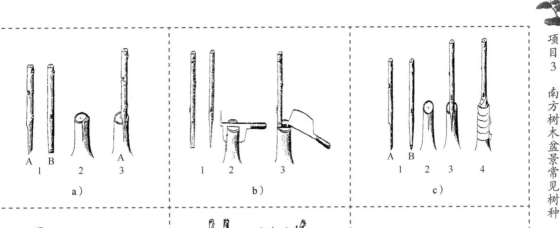

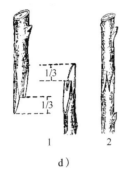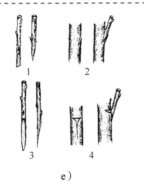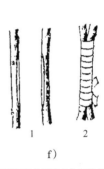

图3-5 嫁接繁殖
a）切接法 b）劈接法 c）插皮接法 d）舌接法 e）腹接法 f）靠接法

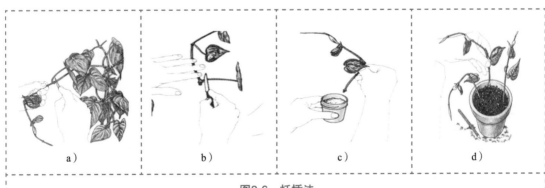

图3-6 扦插法
a）剪插穗 b）插穗处理（去叶） c）蘸生根粉 d）扦插

（四）压条法

有些植物用扦插方法繁殖不易发根成活，可采用压条的方法。压条是将母体部分枝条进行环状剥皮，然后覆于土中，待生根后自母体上剪下来，再行种植，成为新的植株。压条有地面压条（图3-7）和空中压条（图3-8）两种方法。压条法操作简单，植物生根速度快，成活率高达99%。

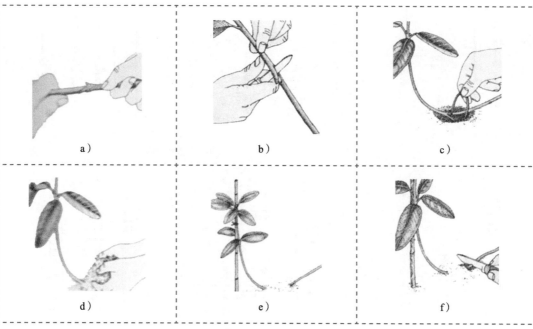

图3-7　地面压条法

a）选枝　b）刻伤　c）用钩固定　d）培土　e）压实　f）切断为新植株

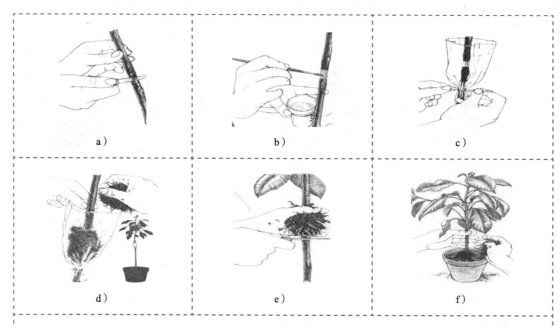

图3-8　高空压条法

a）环状剥皮　b）涂生根粉　c）扎紧塑料袋下部　d）放泥炭藓　e）除袋取茎　f）上盆

习 题

1. 简答题

1）人工培育树桩的方法有哪几种，如何操作？

2）简述高空压条法繁殖树桩的要点。

3）比较山野采掘和人工培育的优缺点。

2. 拓展题

采用人工培育的方法培育树苗。

任务 2　常见树种

知识目标

● 掌握南方盆景常见树种的种类、习性及养护知识。

能力目标

● 能识别常见的南方盆景树种。

工作任务

● 对常见的南方盆景树种进行养护。

　　九里香、榆树、雀梅、福建茶、榕树、红果、紫薇、火棘、朴树、水横枝、满天星、山橘、松树、罗汉松、宝巾花等是岭南盆景常用的树种，这些树种除在岭南地区广泛栽培外，近年来随着保护栽培设施的广泛应用，已经打破了盆景树种栽培应用的地域界限，使我国大部分地区也可以栽培和应用，大大丰富了盆景树种的选择范围。下面根据近年来南方盆景树种发展的情况及应用趋向，将南方地区常见树种进行介绍。

一、九里香

（一）形态特征

　　九里香又称七里香、千里香，芸香科常绿灌木或小乔木，产于岭南福建等地。羽状复叶，其叶小，光亮，卵形或椭圆形。花白色，浓芳香，春季及秋季二次开花，果实卵形，2~4月成熟，熟时红色。生长速度快、枝条柔软、蟠曲时不易折断、生长势较强，是岭南主要盆景树种之一（图 3-9）。

（二）习性

　　九里香喜阳光充足，通风透气的环境，耐肥耐贫瘠，不耐寒，冬季当气温低于 5℃，需移入室内越冬。

（三）繁殖方法

目前野生老桩稀少，其树胚主要通过人工栽培获得，可以用种子播种，即采摘饱满成熟的朱红色的鲜果，在清水中揉搓，去掉果皮以及浮在水面上的杂质和瘪粒，晾干备用。春、秋均可播种，还可采用高压嫁接法（又称圈枝法），但种子繁殖的树苗生长较快，而且长出的根系较美观。

（四）养护要点

1. 水肥管理

九里香喜湿润，应保持盆土和周围环境湿润，宜经常浇水和喷叶面水，春秋每天或隔日浇一次透水，盛夏早晚各浇一次透水，冬季可数日浇一次水，梅雨季节或雨天可不浇水，并注意排水。每年 4~10 月，一般情况下，每月浇施 1 次稀薄腐熟的有机肥，冬初施次干的饼肥屑作基肥，严冬不施肥。

2. 翻盆与修剪

每隔 2~3 年翻盆换土 1 次，于秋季 10~11 月进行，晚春也可，翻盆时可结合修根、换土，根系太密太长的应予修剪，脱盆时剥掉土球四周 50%~70% 的旧盆土，剪掉烂根及部分老根。九里香枝条萌生性强，为保持一定树形，需及时进行修剪，长枝短剪，密枝疏剪，以保持优美的树姿和适当的比例。

3. 病虫害防治

九里香常见的病害有白粉病、铁锈病等，虫害主要有红蜘蛛、天牛、蚧壳虫等，要及时做好对这些病虫害的防治和治疗工作，保证九里香的正常生长。蚧壳虫吸取树木汁液，还能引起煤污病，除可以人工刷除消灭外，还可用乐果、敌百虫喷杀。天牛对植株危害较大，成虫可人工除掉，也可涂以石硫合剂进行防治。

图3-9　九里香

二、福建茶

（一）形态特征

福建茶又称基及树、猫仔树，紫草科基及树属常绿灌木，产于广东、海南、台湾等地。福建茶有大叶、中叶、小叶三种，盆景选材中一般用中叶和小叶。叶长椭圆形，浓绿而有光泽，春夏开白色小花，核果球形，初绿后红。其萌芽力强，生长快，愈合性能好，耐修剪，而树干嶙峋，虬曲多姿，树姿飘逸，是制作岭南盆景的重要素材（图 3-10）。

（二）习性

福建茶是弱阳性树种，耐阴，喜温暖，畏寒，在疏松肥沃的沙壤土中生长良好。春秋两季应放置于有阳光、通风的地方，夏季应注意进行适当遮阴，忌强烈阳光直射；冬季应移入室内，室温保持 5℃以上即可安全越冬。

（三）繁殖方法

福建茶通常采用扦插法繁殖。春季或梅雨季节可选取健壮的一年生或当年半木质化枝条剪成 10~20cm 长的小段为插穗，用粗河沙作基质，引洞扦插，直接置于阳光下，保持基质和干身的湿度，20~30 天萌新芽，40 天见新根，60 天即可移植间种，3~5 年后，便是制作岭南盆景的上好胚材。小叶福建茶用播种繁殖育苗，可以随摘随播，也可将果实采摘后晒干，于春天播种。

（四）养护要点

1. 水肥管理

福建茶喜水，应保持盆土和周围环境湿润，宜经常浇水和喷叶面水，春秋每天浇一次透水，盛夏早晚各浇一次透水，冬季见干见湿。生长季节追肥宜施速效肥，休眠期宜施迟效肥，梅雨季节及秋季一般不施肥。

图3-10　福建茶

2. 翻盆与修剪

每隔 2~3 年翻盆换土 1 次，于春末进行，剔去 1/2 旧土，剪去枯根、烂根和剪短过长的根，培以新培养土栽植，以促新根发育生长。每年 5 月和 9 月各进行一次修剪摘叶，采用截干蓄枝法，并剪去徒长枝及影响树形美观的多余枝条。

3. 病虫害防治

常见害虫是吹绵蚧，防治方法是除用人工刷除杀死外，可用乐果乳油喷杀，而煤污病则用水冲洗，或将病叶全部摘掉。除此之外，蚂蚁和蜗牛也是福建茶的常见害虫，杀灭蚂蚁可用灭蚁灵，而如有蜗牛，可撒施适量的 80% 灭蜗灵颗粒剂毒杀。

三、雀梅

（一）形态特征

雀梅又称酸味，鼠李科雀梅藤属常绿灌木，原产华南各省。单叶近对生，革质，卵形或倒卵椭圆形，叶边缘有小锯齿。冬季开花，花小浅黄色，果实近球形，成熟时紫黑色，带酸味，可食。雀梅有大叶、中叶、小叶品种之分，中叶品种很常用，小叶品种为岭南盆景树种之上品。雀梅枝干嶙峋，萌芽力强，耐修剪，自古以来就是制作盆景的重要材料，素有盆景"七贤"（即黄山松、璎珞柏、榆、枫、冬青、银杏、雀梅）的美称（图3-11）。

图3-11　雀梅

（二）习性

雀梅喜温暖、湿润气候，在微酸性肥沃疏松的土壤中生长良好。雀梅性喜阳，盆景应置于阳光充足、通风良好、温暖湿润的地方养护，夏季应适当遮阴，冬季置于室外背风向阳处，就可安全越冬。

（三）繁殖方法

雀梅可在 3 月或梅雨季节选用长 10cm 的半木质新枝进行扦插繁殖，也可在 4~6 月进行压条繁殖，还可在果实成熟时随采籽随播或阴干后播于苗床来培养苗木，或者可到山区挖取野生雀梅老桩进行培育，成形较快。雀梅为岭南派和苏派的主要盆景树种，其他地区也常采用。

（四）养护要点

1. 水肥管理

雀梅喜水，应保持盆土湿润，但忌盆内积水或长时间盆土过湿，春秋两季每天浇一次透水，盛夏早晚各浇一次透心水和叶面水。冬季宜适当少浇水。已上盆观赏的雀梅，春秋两季每半月施稀薄腐熟的有机肥 1 次，深夏时停肥，入秋后加施复合肥 2 次。

2. 翻盆与修剪

每隔 2~3 年翻盆换土 1 次，于立春前后，中秋前后进行，换去旧土的 60%，剪弃旧根的 50%，注意施足基肥，可结合翻盆进行提根处理。每年立春前和端午节前后各进行一次整形修剪，疏去过密的枝叶，剪去各种影响树形的枝条，使之保持优美的造型；夏秋季应进行多次摘心，以促使腋芽萌发侧枝，摘心次数越多，枝叶越密。

3. 病虫害防治

雀梅主要害虫有茶长卷叶蛾，可用 35% 伏杀磷乳剂 2000 倍液喷杀；天牛，可涂以石硫合剂防治；蚧壳虫，可人工刷洗除之；蚜虫，可用氧化乐果乳油喷杀。

雀梅盆景有一个很大的缺点，容易产生偏枯病和枝条老化，有时还会全株死亡。这种病害，多数产生在作品成功的时候，所以说雀梅树会"功成身退"。防治措施可参考项目五南方树木盆景养护。

四、榆树

（一）形态特征

榆树野生种多为榔榆，园林培育种为家榆，榆科榆属落叶乔木，原产我国南部及中部各省。叶小，椭圆状卵形，边缘具单锯齿，树皮深灰色，老时呈鳞裂，3~4 月开花，紫褐色。榆树分为大叶、中叶和小叶三个品种，在盆景制作中以中叶和小叶采用较多。榆树是制作岭南盆景非常理想的树种（图 3-12）。

（二）习性

榆树喜阳光、耐寒，适应性强，在肥厚、湿润的沙质土中生长良好。不耐水湿，注意疏水，尤其是在移植时要防止积水烂根。

（三）繁殖方法

榆树在南方已成为栽培种，可通过根插繁殖的方法，即每年大寒后立春前，剪取干径 1~3cm 的榆根，每段 10cm 长，晾干剪口树液，插于沙床上，保持苗床湿润和全光照，20 天左右可萌发新芽，经常规管理，第二年移植间种。或高压嫁接法进行繁殖。

（四）养护要点

1. 水肥管理

榆树的肥水管理要不干不浇，忌土壤积水。榆树喜湿润，盆土宜偏湿。夏季高温期，要早晚各浇一次水，空气干燥时应向植株喷少许的水，秋季浇水可减少。平时放在通风良好、光照充足处养护，保持盆土湿润而不积水。在生长期 4~10 月（梅雨季节除外）可每半个月施 1 次稀薄的饼肥水，以保持正常生长养分的需要。冬季施 1 次饼肥屑或厩肥作基肥。春初、秋末加施叶面肥，可喷施"叶面宝"植物调节剂。

2. 翻盆与修剪

每隔1~3年翻盆换土1次，于春季萌芽前进行，翻盆时可仍用原盆，但剪去部分老根，换去50%旧土，培以肥沃疏松的培养土。成形的榆树每年修剪2次，一次在大寒后，一次在端午节后。每次只留新枝1~2cm的长度。

3. 病虫害防治

榆树常见的虫害有榆叶金花虫、蚧壳虫、天牛和刺蛾等，可喷洒乐果防治；天牛食树干，可用石硫合剂堵塞虫孔。

榆树盆景最大的病害是缩枝，这一病害多发生在榆树成为盆景之后，防治措施可参考项目五南方树木盆景养护。

图3-12　榆树

五、满天星

（一）形态特征

满天星又叫六月雪、白马骨、日日春花，茜草科六月雪属，常绿灌木或半落叶矮小灌木。产于华东及华南各省，叶对生，细小而苍翠，椭圆形。花小白色，六月盛开，布满枝头。其树姿优美，枝叶扶疏，玲珑清雅，根系特别发达，蟠虬错节，素有树桩盆景"十八学士"（即梅花、桃花、杜鹃、石榴、茶花、蜡梅、罗汉松、水横枝、南天竹、翠柏、六月雪、紫薇、西府海棠、虎刺、枸橘、木瓜、吉庆、凤尾竹）之一的美称（图3-13）。

（二）习性

满天星性喜温暖湿润的环境，喜光，耐阴，耐旱，稍耐寒，喜肥，对土壤要求不严格，中性、微酸性土均能适应。

（三）繁殖方法

六月雪多以插条为主，扦插可用硬枝或嫩枝扦插，硬枝扦插于2~3月进行，以休眠枝为插穗；嫩枝扦插于6~7月梅雨季节进行，以半熟枝为插穗，插穗要选用无病害的6~8cm长的枝条，插于微酸性的细沙土壤中，插后注意遮阴、保温、保湿，成活率很高。

（四）养护要点

1. 水肥管理

六月雪盆景保持盆土湿润，春季可每天或隔天中午浇水 1 次，夏秋季每天早晚各浇 1 次水，每半月还可浇一次 1% 的食用醋水，以避免土壤碱化和植株黄化，雨季应注意检查，忌盆内积水；冬季应适当减少浇水次数，一般 3~5 天（盆土面稍干微转白色时）浇一次透水。六月雪施肥不宜过勤，在春秋两季各施稀释腐熟的饼肥或复合肥 2~3 次即可。夏季一般不施肥。

2. 翻盆与修剪

通常隔 2~3 年翻盆换土 1 次，于春季 2~3 月或深秋期间进行，换去全部旧土，适当修剪根部，可结合换盆进行提根，使其形成悬根，提高观赏价值。每年 4 月份和 10 月份各进行一次整形修剪，保持树形美观。同时，对于过密的枝条，需进行疏剪。剪下的健康枝条可用于扦插繁殖。夏末的修剪不宜过重，防止秋季再度萌发。

3. 病虫害防治

满天星盆景的病虫害较少，偶有蚜虫和蜗牛发生。在盆土板结及过湿或盆内积水时间过长时，会发生根腐病，应注意防治。

图3-13 满天星

六、榕树

（一）形态特征

岭南盆景多用细叶榕，桑科榕属常绿乔木，原产华南等地。叶革质，深绿色具光泽，因树头嶙峋，树皮黑褐色，枝条柔软，具有强大的须状气生根。气生根有的下垂入地，形似支柱；有的蜿蜒下垂，盘根错节，颇为壮观，且发芽能力极强，耐修剪，生长速度很快，榕树是制作岭南盆景的良好树种（图 3-14）。

（二）习性

榕树性喜阳光，耐旱涝，耐阴，在温暖湿润且肥沃的土壤中生长良好。畏寒，在 4℃以下的温度需作防寒处理，挖掘移植时间宜选在 3~4 月份，此间树木极易成活。

（三）繁殖方法

其树胚主要是通过种子繁殖或扦插苗地栽培育。榕树扦插繁殖时可用粗枝粗干扦插，春末截锯榕树枝干，清洗截口树液，并用草绳包扎干身保温保湿，截口处涂抹生根剂并晾干，然后进行栽种，一般2个月左右即可发根成活。

（四）养护要点

1. 水肥管理

榕树喜大水大肥，春秋两季每天浇1次透水，盛夏每天早晚各浇1次水，气温高时加喷叶面水；冬季应当减少浇水次数，一般盆土面稍干微转白色时浇一次透水。树桩进入正常护理后，用腐熟的人畜粪尿或沤熟的饼肥作为追肥。移栽或换盆时，也可用沤熟的鸡粪、豆饼、骨粉掺入培养土充作基肥。

2. 翻盆与修剪

通常隔3年翻盆1次，于春末、秋中期进行，剪弃50%旧根，平剪底根、重剪强旺根，晾干根后上盆。榕树在初夏时摘去全部叶尖和芽尖，如能控制水分并且阳光充足，会长出又厚又小的新叶。每年新芽萌动后对强壮芽打顶摘心，生长旺季要给植株进行抹芽，秋季进行一次大的修剪，此后不进行修剪，因为植株冬季生长较慢，不宜在冬季修剪，还应适当疏去过密枝条，使之通风透光，以减少病虫害的发生。

3. 病虫害防治

常见害虫主要是吹绵蚧和蓟马虫。治理吹绵蚧可用氧化乐果乳油喷杀，而蓟马虫可用马拉松乳剂、速灭精乳剂喷杀，或摘叶烧毁。

图3-14　榕树

七、水横枝

（一）形态特征

水横枝又称栀子、山栀子、黄栀子，茜草科栀子属常绿灌木，原产我国中部及南部。叶较大，对生，长椭圆形，光亮。有大叶、中叶、小叶、柳形叶之分。以小叶和柳形叶为贵，适于制作小型盆景及垂枝式盆景，中叶次之，花白色，大叶已不受欢迎。8~10月开花，清香。

果圆形有棱，金黄色。是盆景制作中观花、观叶的好树种（图3-15）。

（二）习性

水横枝喜温暖、湿润的半阴环境，稍耐阴，怕强光暴晒，夏季宜放在荫棚或花荫下等具有散射光的地方养护，因此宜用含腐殖质丰富、肥沃的酸性土壤栽培。

（三）繁殖方法

水横枝树胚由山野挖掘或扦插苗培育而成。扦插育苗多在春秋两季进行，插穗截取10~12cm生长健康的2~3年生枝条，剪去下部叶片，顶上两片叶子可保留并各剪去一半，先在维生素B12针剂中蘸一下，然后斜插于插床中，上面只留一节，注意遮阴和保持一定湿度，一般1个月可生根。南方还可以采用水插法繁殖，即将插穗插在用苇秆编织的圆盘上，任其漂浮在水面上，使其下部在水中生根，再移植栽培。

（四）养护要点

1. 水肥管理

生长期要保持盆土湿润。盆土表面见干就浇水，晚上可用喷壶向叶面淋水浇施。生长过旺、节间较长的，晚上不浇水，早上太阳出来再浇水。生长季节用饼肥加硫酸亚铁沤制的矾肥水稀释，两周浇一次。酷暑期气温35℃以上和秋季15℃以下时停肥。

2. 翻盆与修剪

当冠幅为盆口径的2~3倍时，就该换盆，于春季3月翻盆换土较好，倒盆后剪去部分老根，抖掉一半旧土，用新土栽入盆中后浇透水，放温暖半阴处，有新芽萌动时放阳光下养护。根据树形选留三个主枝，要随时剪除根蘖萌出的其他枝条。水横枝春季不可短截枝顶，否则当年不会开花。

3. 病虫害防治

常见病害是"黄叶病"，是由于土壤中酸碱度失调引起，防治办法是在盆中插入几根生锈铁钉。腐根病使成形的树缩枝或者死亡，每两年应脱盆换泥，尽量去掉腐根，根条剪短，让其重长新根。害虫主要是蛾虫和蚧壳虫。治理蛾虫时要经常查看叶片上是否有虫卵或小虫，如发现要及时喷杀。

图3-15 水横枝

八、红果

（一）形态特征

红果又称红枫子。蔷薇科红果树属常绿小乔木。原产南美。叶互生，革质光亮，杏圆形或倒卵圆形，新生幼叶褐红色，树皮光滑，灰白色，骨节分明，花白色，单生于花柄之顶，果扁圆形，熟时深红色，似灯笼，色彩艳丽，观赏期长，是制作观果盆景的优良树种（图3-16）。

（二）习性

红果喜温暖、耐旱，对土壤要求不严，粗生。

（三）繁殖方法

红果主要采用播种和根扦插繁殖的方法。

（四）养护要点

1. 水肥管理

红果在4月至9月生长期中要保持盆土湿润。盆土表面见干就浇水，晚上可用喷壶向叶面淋水浇施。生长过旺、节间较长的，晚上不浇水，早上太阳出来再浇水。在培养土中可加入3%腐熟饼肥作基肥。生长季节每月施一次淡薄液肥。

2. 翻盆与修剪

红果盆景成形后要保持树形不变，一年中立春后、中秋前修剪两次，对新芽摘心促使幼枝密集，叶形变小。红果春季挂果，从见花到果熟约需30天时间。要使挂果成熟时间统一，要在一月前进行控水促花，让新梢树叶软垂、泥土干裂后回水。一般二次控水即见花蕾，叶面喷施磷酸二氢钾，开花时遇大雨要遮罩，使挂果多而密集。第一次挂果后要增施肥水，可见第二次果，第二次挂果比第一次少。以后就要进入生长期的管理，让树桩积聚养分，保证第二年瓜果旺盛。红果稍耐阴，室内摆置时间可达20~30天，时间太长不利生势回复。

3. 病虫害防治

红果病虫害较少，偶有红蜘蛛及蚜虫危害，对红蜘蛛用杀螨剂，蚜虫用氧化乐果喷杀。

图3-16 红果

九、罗汉松

（一）形态特征

罗汉松科常绿乔木，原产我国长江以南。树皮灰褐色有浅裂纹，枝条密集，叶螺旋状着生，叶条状披针形，微向叶背卷曲，革质，叶色深绿，有光泽。常见品种有大叶、中叶、小叶、米叶等。大叶一般不宜做盆景，中叶可以做大型盆景，小叶和米叶适合做中小型盆景。其中米叶最为珍贵。罗汉松枝条柔软，发力强，树干苍劲，寿命长，耐修剪，是制作盆景的好材料之一（图 3-17）。

（二）习性

罗汉松是半阳性树种，喜温暖、耐阴耐旱，在肥沃的沙质壤土中生长良好。

（三）繁殖方法

罗汉松可用播种或扦插繁殖，但以扦插繁殖为主。扦插繁殖，于春秋两季进行，春季选休眠枝，秋季选半木质化嫩枝，截取长度 12~15cm，插入沙、土各半的苗床，约 50~60 天即可生根。

（四）养护要点

1.水肥管理

罗汉松耐阴湿，宜保持盆土湿润而不积水，夏季要常喷叶面水，一般要在早晚各浇一次水，使叶色鲜绿，生长良好。夏季雨水通常也比较多，罗汉松不耐涝，要注意防止长时间积水。罗汉松喜肥，应薄肥勤施，肥料以氮肥为主，可加入适量黑矾，沤制成矾肥水。生长期可 1~2 个月施肥一次，施肥可结合浇水同时进行（水肥比例为 9：1）。秋季不要施肥，否则萌发秋芽，易遭冻害。盆栽的可每次喷含复合肥 0.5%~1.0% 的水肥或稀薄饼液水肥。

2.翻盆与修剪

罗汉松盆景宜每隔 3~4 年翻一次盆，以在春季 3~4 月出芽前进行为好。翻盆时，将旧土去掉 50% 左右，换上肥沃疏松的腐殖土，以利生长。并结合剪去枯根，将须根舒展开，

图3-17 罗汉松

如植株增大可换以较大盆钵。此外，还可结合翻盆，逐步提根，塑造提根式或附石式盆景。罗汉松可常年进行修剪，主要剪去徒长枝、病枯枝，以保持优美树形。开花时，及时将花蕾摘除，以免因结果而影响树势。

3. 病虫害防治

常见病害有煤污病、叶斑病，可用0.5%~1%波尔多液防治。主要虫害有大蓑蛾、红蜡蚧壳虫、红蜘蛛等，可用氧化乐果喷杀。

十、簕杜鹃

（一）形态特征

簕杜鹃又称宝巾花、三角梅，紫茉莉科叶子花属常绿攀缘灌木，原产巴西。枝有刺，常拱形下垂。叶中等大，卵圆形，花通常3朵簇生于3片叶状苞片内，苞片有红、黄、白、紫等色，非常美丽。主要花期在冬春季。簕杜鹃生长速度快，萌芽力强，造型方便，同时花色艳丽，是观花型盆景的好树种（图3-18）。

（二）习性

簕杜鹃喜光照及温暖湿润气候，耐干旱，忌积水，不耐寒。对土壤要求不严，在排水良好、含矿物质丰富的黏重壤土中生长良好。

（三）繁殖方法

簕杜鹃树胚主要扦插培育而成。除冬季外，其余任何时间皆可扦插。

（四）养护要点

1. 水肥管理

春秋两季应每天浇水一次，夏季可每天早晚各浇一次水，冬季温度较低，植株处于休眠状态，应控制浇水，花蕾出现后每天早晚各浇水一次，同时向叶面喷水1~2次。梅雨季节要防积水以免植株烂根死亡。通常4月~7月份是簕杜鹃生长旺期，每隔7~10天施液肥一次，以促进植株生长健壮，肥料可用10%~20%腐熟豆饼、菜籽饼水或人粪水等。夏季盛花期，每3~5天施一次矾肥水，每7天喷0.3%磷酸二氢钾。8~10月更要大肥大水，以肥代水，用矾肥水或饼肥水浇施。

图3-18 簕杜鹃

2. 翻盆与修剪

每年于早春萌芽前进行一次翻盆换土。翻盆时，换上肥沃疏松的腐殖土，并在盆底放上动物的碎骨头块或过磷酸钙等含磷量高的作用基肥。每年于春季或花后进行整形修剪，剪去过密枝、干枯枝、病弱枝、交叉枝等，促发新枝。生长期应及时摘心，促发侧枝，利于花芽形成，促开花繁茂。每次开花后，要及时清除残花，以减少养分消耗。

3. 病虫害防治

箭杜鹃害虫主要有蚜虫，病害主要有枯梢病。平时要加强松土除草，及时清除枯枝、病叶，注意通气，以减少病源的传播。发现病情及时处理，可用氧化乐果、甲基托布津等溶液防治。

十一、黄杨

（一）形态特征

黄杨又称千年矮。黄杨科黄杨属常绿灌木或小乔木，原产我国秦岭以南。叶对生，椭圆形或雀舌形，质厚且有光泽，春季叶腋间簇生黄色小花，果如香炉状。黄杨中的瓜子黄杨和雀舌黄杨均为制作盆景的珍贵树种。但黄杨生长速度较慢，蓄枝困难，且容易缩枝（图 3-19）。

（二）习性

黄杨耐阴，喜温暖湿润，稍耐寒，需在空气湿度较大、肥沃湿润、排水通畅的酸性土中生长。

（三）繁殖方法

黄杨繁殖可进行实生播种，也可扦插培育。

（四）养护要点

1. 水肥管理

黄杨喜湿润较耐旱，宜保持盆土湿润但不可积水，生长季节要适当浇水，盛夏早晚各浇 1 次透心水和叶面水。在连阴雨时节，注意排水。黄杨喜肥沃土壤，对肥水的需求较高。在早春新芽未萌发前，施 1 次腐熟的有机肥即可，在新梢停止生长期，再补施 1 次。夏季可根据生长不旺盛情况适当增施 1% 尿素。9 月中旬时，再施 1 次腐熟稀薄的饼肥水即可。

2. 翻盆与修剪

每隔 2~3 年翻一次盆，翻盆时，将旧土去掉 50% 左右，结合翻盆剪去部分老根及过长过密根系，换上肥沃疏松的培养土，以利生长。黄杨萌发较快，一般在发新梢后，将先端 1~2 节剪去，可防止徒长。生长期随时剪去徒长枝、重叠枝及影响树形的多余枝条。为了避免消耗养分，影响树势生长，秋季将花芽剔除，黄杨结果后，要及时摘去。

3. 病虫害防治

黄杨的病虫害较少，主要有蚧壳虫（能引起煤污病及落叶现象）及卷叶蛾的幼虫，务必用人工刷除干净，也可用氧化乐果喷杀。平时最好经常在叶面上喷水，冲洗灰尘，使其生长良好。

图3-19　黄杨

十二、石榴

（一）形态特征

石榴又名安石榴、海榴。石榴科石榴属落叶灌木或小乔木。原产中亚地区，相传张骞出使西域携归而传入我国，距今已两千多年，南北各地皆有栽培。叶对生，倒卵形至长椭圆形，无毛，有光泽，新叶红色。石榴花有单瓣、重瓣之别，花色有大红、绯红、黄白、红白相间色，果为浆果近球形，有大果、小果之分，是优良的观花观果盆景树种（图3-20）。

（二）习性

石榴性好光、喜暖，而又耐寒耐旱，栽培管理容易。

（三）繁殖方法

树桩可野生挖掘或人工培育。人工培育多用枝条扦插法、播种或高压嫁接法。枝条扦插法于每年春初进行，而高压嫁接法则于春夏进行为好。

（四）养护要点

1. 水肥管理

石榴树属耐旱树种，水多树易徒长，一般不干不浇，浇水则要浇透。花期和坐果期，保持适当干旱，以防落花落果。石榴喜肥，在换盆时可施入充分腐熟的基肥和磷肥，最好是骨粉，含磷高且肥效期长。生长季节做到"薄肥勤施"，每7天左右施一次腐熟的有机液肥，3~4月施以氮肥为主的复合肥；5~9月则应促花促果，应以磷钾肥为主，整个生长期还可以针对叶面喷施0.3%~0.5%的磷酸二氢钾溶液3~5次。10~11月施以磷、钾肥，并注意控水，以促使果实发育，控制新梢生长。

2. 翻盆与修剪

每隔2~3年换盆一次，一般在春季萌芽前进行。石榴在冬季落叶后至春季萌芽前进行1次修剪，剪去内膛枝、过密枝、病虫枝、细弱枝以及其他影响树形的枝条，生长期注意打顶摘心，对于顶部生长健壮，没有花蕾的新梢，留5~10片进行摘心，当摘心后顶端再发新梢时，则留3~5片叶再度摘心。

3. 病虫害防治

石榴的虫害主要有蚜虫、桃蛀螟、红蜘蛛及食心虫等，病害主要有干腐病和麻皮病。干腐病，可用甲基托布津或退菌特可湿性粉剂防治。麻皮病，可用势克乳油防治。

图3-20　石榴

十三、朴树

（一）形态特征

朴树又名相思、沙朴、朴榆。榆科朴属落叶乔木，产于黄河以南、长江流域中下游以及华南各省区。树皮灰褐色，粗糙而不开裂，枝条平展，呈扁圆形树冠。叶广卵形或椭圆形，互生，先端尖，边沿有锯齿，叶较大，枝条柔韧，萌芽力非常强，愈合能力特强，改造或造型很方便，是创作中、大型岭南盆景的好材料（图3-21）。

（二）习性

朴树性喜光，在温暖湿润气候，肥沃平坦之地生长较好。对土壤要求不严，有一定耐旱能力，亦耐水湿及瘠薄土壤，适应力较强。

（三）繁殖方法

其树胚大多从野外挖掘。

（四）养护要点

1. 水肥管理

朴树耐干，浇水不宜过多，在炎热的夏季可早晚各浇水一次，阴雨季节不可积水，秋季浇水宜偏少，冬季落叶后可5~7天浇一次。朴树喜肥，新桩第一年不施肥，第二年起，每年春季未发芽之前施1次稀薄有机肥，以后在生长季节每月施一次肥，7~8月可不施肥，防止枝条徒长，入冬前施一次基肥即可。

2. 翻盆与修剪

幼龄树每隔2~3年换盆一次，老桩3~5年翻盆一次，一般在春季萌芽前进行。朴树桩景根部易老朽，应结合翻盆，修剪老弱残根，更换1/2肥沃疏松新土，以促进新生根系发育。朴树萌生力强，宜经常修剪整形，在新枝抽生至6~8cm时，留2~3叶片，其余剪去。

向上或向下伸长的芽枝，留 1~2 叶片，其余剪去。同时要随时进行摘芽去梢，以保持盆景造型不乱。

3. 病虫害防治

朴树常见病害有白粉病和煤污病，可用 0.5% 石硫合剂喷洒防治白粉病，用 500 倍多菌灵防治煤污病。常见的虫害有红蜘蛛、蚜虫、吉丁虫、木虱等，可喷洒乐果乳油防治。

图3-21　朴树

十四、山松

（一）形态特征

山松又名马尾松，松科松属常绿乔木，原产华南山地。树干嶙峋曲节、苍劲老辣，叶针形，叶色苍翠。每年 3 月抽芽，接着在新梢顶开花，球果秋季成熟。松树是岭南盆景的主题材料，但能制作盆景的素材比较稀少，而且生长慢，制作养护难度大，因而比较珍贵（图 3-22）。

（二）习性

山松喜阳，适应力强，抗风耐寒，耐高温，耐贫瘠，对土壤要求不严，微酸性的红壤土或花岗岩风化土最适宜其生长。

（三）繁殖方法

山松树胚主要到山野挖掘而得，挖掘宜在 10~11 月和 2~3 月期间进行，并带好泥球。

（四）养护要点

1. 水肥管理

山松的水肥管理应经常保持土壤湿润，夏季高温期每天早晚各浇透水一次，其他季节视天气情况而定，冬天可以三四天浇水一次，但必需浇透。春末初夏和秋季，每月用沤透饼肥稀释 20 倍施肥一次，盛夏、严冬和春雨季不宜施肥。土壤偏干时施液肥最为适宜，施后再浇一遍水，便于根系吸收。

2. 翻盆与修剪

松树盆景翻盆换土不宜过勤，否则会刺激新生针叶变长。养桩和长桩另论。翻盆时间应在深秋或早春进行，修剪底部及四周老化根须，去掉 1/5 的旧土略回填些新土即可。整形修剪在冬季休眠期进行，剪去影响树形的小枝，并调整其他枝条的位置，使其分布合理。每年 4~5 月进行一次全面的摘芽，以控制植株过度生长，保持盆景美观。山松盆景还需控制其针叶过长，除了可通过控制水肥抑制其生长外，还可将针叶剪短。

3. 病虫害防治

山松病虫害较少，主要是天牛、松蚜、松蚧、锈病等。天牛为害多在初夏，可早晚观察，捉灭成虫，还可用氧化乐果等闷杀幼虫。其他病虫害可用相应常规农药防治。

图3-22　山松

十五、火棘

（一）形态特征

火棘又名火把果、救命粮、秦岭海棠。蔷薇科火棘属常绿灌木或小乔木，产于我国长江流域及其以南广大地区。枝条细长，有短刺，常呈拱形下垂。叶狭小，倒卵形或倒卵状长圆形，深绿，光亮。5~6 月开花，花白色，花后结实，果半球形，先绿后红，经久不凋，灿烂夺目。是制作盆景的优良品种（图 3-23）。

（二）习性

火棘喜湿喜肥，喜光照充足，通风良好和温暖湿润的气候环境，在土质疏松的微酸性土壤中生长良好。稍耐阴，耐寒。

（三）繁殖方法

火棘常采用扦插繁殖，于春季选择 1~2 年生的健壮枝条，截取 10~15cm 长的插穗，或生长季剪取当年生的嫩枝，将其插入沙床中，注意保温保湿，成活率很高。有时也可在山野中挖掘。

（四）养护要点

1. 水肥管理

火棘浇水的原则是"不干不浇，浇则浇透"。开花期间要注意控水，保持盆土偏干，有利于坐果。火棘从春季萌芽时开始，每隔15~30天要施肥一次。秋季施肥密度要适当加大，每隔10~20天要施一次，冬季停止施肥。施肥以含磷钾多的腐熟的有机肥为主，少施无机肥。

2. 翻盆与修剪

每1~2年翻盆换土一次，翻盆时间于2月下旬至清明前进行，翻盆时要剪除网状根垫，去掉1/3的旧土，填回培养土即可。每年春末夏初和秋季，以修剪和打梢为主。

3. 病虫害防治

火棘病害主要有真菌感染、黑腐病和白粉病，尤其白粉病极为严重。夏季发病时，可用多菌灵、托布津等杀菌药进行防治。虫害以蚜虫为害最常见，秋天多发，可及时喷洒氧化乐果防治。

图3-23　火棘

十六、紫薇

（一）形态特征

紫薇又称百日红，痒痒树。千屈菜科紫薇属落叶灌木或小乔木。产于亚洲，我国华东及华南有分布。紫薇叶稍大，光亮，单叶对生或近对生，椭圆形或倒卵形，6~9月开花，花色有红、紫、白和白里带蓝等，红花紫薇是其中最好的一个品种，树皮灰白或褐色，树干嶙峋，骨节分明，是观叶、观花、观干、观根的盆景佳材（图3-24）。

（二）习性

紫薇喜光，稍耐阴；喜温暖气候，耐寒性不强；喜肥沃、湿润而排水良好的石灰性土壤，耐旱，怕涝。

（三）繁殖方法

紫薇树胚主要用扦插苗地栽培育，截取当年生的健康枝条12cm，插于疏松的沙土中，保持湿度，即可成活。

（四）养护要点

1. 水肥管理

春冬两季应保持盆土湿润，夏秋季节每天早晚要浇水一次，干旱高温时每天可适当增加浇水次数。紫薇性喜肥，应定期施肥，春夏生长旺季需多施肥，入秋后少施，冬季进入休眠期可不施。雨天和夏季高温的中午不要施肥，施肥浓度以"薄肥勤施"的原则，在立春至立秋每隔 10 天施一次，立秋后每半月追施一次，立冬后停肥。

2. 翻盆与修剪

每隔 2~3 年更换一次盆土，用 5 份疏松的山土、3 份田园土和 2 份细河沙混合配制成培养土，换盆时可用骨粉、豆饼粉等有机肥作基肥，但不能使肥料直接与根系接触，以免伤及根系，影响植株生长。紫薇耐修剪，发枝力强，新梢生长量大。因此，花后要将残花剪去，可延长花期，对徒长枝、重叠枝、交叉枝、辐射枝以及病枝随时剪除，以免消耗养分。

3. 病虫害防治

紫薇常发生白粉病危害叶片和嫩枝。虫害较多发生蚜虫和蚧壳虫危害，可用氧化乐果乳油喷杀，或三硫磷乳油防治。防治蚧虫宜在幼虫大量孵化时进行。

图3-24　紫薇

十七、山橘

（一）形态特征

山橘又称东风橘、酒饼叶。芸香科山橘属常绿灌木，产于我国南部广东、福建等地的山野、溪谷或路旁。树皮光滑，黄褐或深褐色，茎有刺，叶长椭圆形，厚革质，苍翠光亮。花白色，花期 4~5 月，果紫色。山橘有大叶、细叶两个品种，细叶品种是岭南盆景的好材料（图 3-25）。

（二）习性

山橘喜阳，耐阴、耐干旱贫瘠，生命力强，在沙质壤土中生长良好。

（三）繁殖方法

山橘树胚多从山野挖掘。挖掘移植宜在每年春末夏初之间。

（四）养护要点

1. 水肥管理

春秋二季每天浇一次透水，盛夏早晚各浇一次透水，冬季不干不浇，浇则浇透。山橘新芽萌发开始到开花前为止，可每7~10天施一次腐熟的稀肥水，相间浇几次矾肥水。入夏之后，宜多施一些磷肥，以利孕蕾和结果。结果初期应暂停施肥，待幼果长到约1cm大小时，可继续每周施一次液肥直至9月底。

2. 翻盆与修剪

每5年换土一次，去掉30%的原土原根，加新土养护。老桩不用换盆。山橘每年宜在立春后重剪一次，为了增加横角枝的密度，可在第二年重剪新萌芽后进行摘顶，按需要一次摘芽到位，半月后在摘口部位重萌二次芽，这样一年也就取得了二节的速度。

3. 病虫害防治

山橘常见的害虫有蚧壳虫、刺蛾虫，可用氧化乐果乳油喷杀。

图3-25　山橘

十八、水松

（一）形态特征

水松别名水绵，杉科、水松属，产于我国，广东珠江三角洲、广西、云南、四川、江西、福建等地均有分布。落叶乔木。一般高为10~12m，树根部膨大具有圆棱；树干扭纹；枝条稀疏；叶有鳞形叶和短针状钻形叶，互生；枝顶开单球花，结椭圆形种子。为热带及亚热带南部树种（图3-26）。

（二）习性

水松为喜光树种，喜温暖湿润的气候及水湿的环境，耐水湿不耐低温，对土壤的适应性较强，除盐碱土之外，在其他各种土壤上均能生长。

（三）繁殖方法

水松用种子繁殖，发芽率达85%以上。在华南无霜地区宜当年采种即播，或第二年2~3月播种。经20~25天发芽出土，当年生苗高约30cm，经分栽培育的2年生苗高达1~1.5m。也可用扦插繁殖，春插于2月下旬至3月中旬进行，宜选用冬芽饱满的1生年生枝，插前用50mg/L萘乙酸处理20~24h，更利于发根。播种或扦插的繁殖苗床均应保持土壤适润，切忌过湿或干燥。

（四）养护要点

1. 水肥管理

水松可用沙泥或塘泥栽种在水盆里，根部可终年被水浸淹。移植、翻盆在每年早春进行。每3年换一次泥。摘芽、修剪整姿在春季至秋季均可，入冬停止。每月施豆饼肥或复合肥一次，不让缺肥。全年保持盆土水浸，不可干旱，否则影响生长。

2. 翻盆与修剪

每5年换土一次，去掉30%的原土原根，加新土养护。老桩不用换盆。每年修剪1~2次。由于水松枝条平展柔软，萌芽力强，春天叶片鲜绿色，入秋后转为红褐色，加上奇特的藤状根，故做成树桩盆景有较高的欣赏价值。水松的病虫害较少，是岭南盆景常用的好树种之一，珠江三角洲甚为普遍。

图3-26　水松

十九、山格木

（一）形态特征

山格木又称莢木、越南叶下珠，大戟科叶下珠属常绿小灌木。原产我国广东、广西，尤其以珠三角四邑地区为多。分枝多，叶小、革质而有光泽，互生2列无柄，仿似羽状复叶，倒卵形或矩圆形，春秋季开浅绿色小花，结扁圆小果。根系发达，分蘖能力强，除冬眠期外，随时可进行修剪，生长速度缓慢，中、大桩难求，多作丛林式、水旱式、高耸飘逸式造型（图3-27）。

（二）习性

山格木性喜半阴半阳，耐旱耐涝、不择土壤，但以疏松湿润的半沙质壤土为好。

（三）繁殖方法

由于山格木生长缓慢，因此树胚多从山野挖掘。挖掘移植宜在春季至初夏进行。

（四）养护要点

1. 水肥管理

山格木宜保持盆土疏水透气，不积水，春秋每天浇一次透水，夏季早晚宜浇一次透水和叶面水。秋冬季节，盆土保持微湿即可，原则是不干不浇，浇则浇透。山格木不贪肥，但并非等于不用施肥。山格木施肥时应植株壮旺勤施薄肥，不旺不施，适宜施农家肥及生麸水，少施化肥，因化学肥料施用后易造成盆土板结。每月给山格木施1~2次薄肥。秋冬季休眠期不可施肥。

2. 翻盆与修剪

每5年左右改植换土一次。一般在每年的4~10月进行修剪，每枝留1~2对芽眼，新萌芽长到5cm时摘顶心。山格木休眠时期，不宜对山格木进行修剪，易影响其安全越冬。

3. 病虫害防治

山格木病虫害极少，偶有钻心虫及霉菌病发生，每月用兑水稀释科绿1000倍液，高锰酸钾兑水稀释1000倍液轮换喷洒一次，便可有效地防治。另外，还可能出现蚜虫或红蜘蛛，对红蜘蛛用杀螨剂，蚜虫用敌百虫或氧化乐果喷杀。

图3-27　山格木

二十、紫藤

（一）形态特征

紫藤又称朱藤、黄环，豆科紫藤属落叶木质藤本。原产于中国、日本及北美。植物干皮深灰色，不裂；奇数羽状复叶，长卵披针状叶；幼叶两面都有白色小绒毛，成熟后无毛。春季开花，青紫色蝶形花冠，成总状花序下垂，荚果扁平，长条状。寿命较长，萌蘖性强，是一个很好的盆景树种材料（图 3-28）。

（二）习性

紫藤性喜阳光及温暖湿润的气候，耐阴，耐旱，并喜疏松、肥沃、排水良好的向阳地，忌大风。

（三）繁殖方法

紫藤可行播种、扦插繁殖。扦插繁殖可于秋季选当年生茎部枝条截取 8~10cm 长插穗，或早春选 1~2 年生嫩枝，剪成 10~15cm 段进行插穗。还可到山野挖取野生的老根桩，养胚 1 年后，即可上盆加工。

（四）养护要点

1. 水肥管理

紫藤生长期浇水做到"不干不浇，浇则浇透"，8 月后使盆土偏干，有利于来年多开花。9 月份可进行正常浇水。晚秋落叶后要少浇水。勤施肥是使紫藤花繁叶茂的一个重要措施。春、夏季节的生长期每 7~10 天施一次以磷肥为主的腐熟稀薄液肥。花期和 8 月后都要减少施肥，落叶后停止施肥。开花前，可适当增施磷钾肥。开花后应结合修剪，追施一次以氮为主的混合肥料或基肥。

2. 翻盆与修剪

每隔 2~3 年翻盆一次，于早春萌芽前进行比较好。换盆时去掉部分旧土，换上新的培养土，并在盆底放些腐熟的动物蹄片、碎骨渣等含磷量较高的肥料做基肥。紫藤春季萌芽后及时摘去密芽，使养分集中有力开花。当新枝长到 20cm 长时，可剪去过长部分，注意随时剪去徒长枝、病枝和弱枝。9 月份可摘去老叶，促其萌发新叶。落叶后进行全面修剪，剪去当年枝条的 1/3~2/3。

3. 病虫害防治

紫藤的病虫害较少，其害虫主要有蚜虫和叶蛾等。防治方法可用敌百虫或用的氧化乐果乳剂进行喷杀。

图3-28 紫藤

二十一、枸骨

（一）形态特征

枸骨又名猫儿刺、鸟不宿，冬青科冬青属常绿小乔木或灌木。枸骨原产于我国长江中下游地区，为亚热带树种。树皮光滑，灰白色，枝条密而开展，叶形奇特，互生，光亮革质，椭圆状或矩圆形。花黄绿色，簇生于二年生枝条的叶腋。核果鲜红。有较强的萌蘖能力，耐修剪，生长较缓慢，是观叶、观果的优良盆景树种（图3-29）。

（二）习性

枸骨喜欢温暖湿润的环境，较耐阴，适于生长在肥沃湿润，排水良好的微酸性土壤。

（三）繁殖方法

枸骨通常采用播种、扦插和分株繁殖的方法，也可以在山野挖取野生桩。

（四）养护要点

1. 水肥管理

枸骨生长季应勤浇水，保持盆土湿润，但忌积水，夏季可向叶面或地面喷水。一般夏季不施肥，冬季施一次肥，其他季节可每20天左右施一次腐熟的稀薄饼肥。

2. 翻盆与修剪

每隔2~3年翻盆一次，于早春进行比较好。翻盆时可修去部分老根，施足基肥，保留1/2旧土，重新上盆。枸骨萌发力强，耐修剪，为保持树形需经常修剪徒长枝、萌发枝和多余的芽。

3. 病虫害防治

枸骨病虫害较少，易发生蚧壳虫和因生木虱而引起煤污病。发生蚧壳虫危害时，砷酸铅喷杀即可；因生木虱而引起煤污病，或在早春喷洒50%乐果乳油剂兑水稀释2000倍液，毒杀越冬木虱，或梅雨季节前喷洒一次波尔多液或石硫合剂。

图3-29 枸骨

二十二、龙柏

（一）形态特征

龙柏又名绕龙柏、螺丝柏，柏科圆柏属常绿乔木，为圆柏的栽培变种。原产于中国及日本。树干挺直，树冠圆柱形或柱状塔形，枝条呈螺旋状向上直展，大枝粗而直，两侧枝旋转，小枝密集，多为鳞叶，鳞叶排列紧密，深绿色。球果蓝色，微被白粉。另有一种匍地龙柏无直立主干，枝干就地平展，是龙柏插穗扦插而形成的品种（图 3-30）。

（二）习性

龙柏喜光，怕涝，较耐寒耐旱，对土壤要求不严，但在温暖、肥沃，排水良好的土壤长势好。

（三）繁殖方法

龙柏通常采用扦插、嫁接法进行繁殖。扦插于春季进行，插穗宜选取树龄 10 年左右的母树，截取树冠中上部外围长 12~20cm 的侧枝做插穗。嫁接繁殖宜采取腹接法，在春季 4 月份进行，通常以 3 年生侧柏的实生苗作砧木，2 年生龙柏的枝梢作接穗腹接。

（四）养护要点

1.水肥管理

龙柏浇水要求"不干不浇，浇则浇透"。梅雨季节要注意盆内不能积水，夏季要早晚浇水，冬季保持盆土湿润即可。龙柏对肥料要求不严，每年春秋季施稀薄腐熟的饼肥水或有机肥 2~3 次即可。

2.翻盆与修剪

龙柏盆景每隔 3~4 年翻盆一次，于春季 3~4 月进行为好。翻盆时可适当剪去部分老根，除去 1/2 旧土，换上肥沃疏松的培养土，以促进新根的生长发育。龙柏一般以摘心抹芽为主，当初夏进入旺盛生长期，应及时进行摘心和打梢，使枝叶稠密，树形优美。对徒长枝及其他影响树形的枝条，则宜在休眠期进行修剪。

3.病虫害防治

龙柏易发生红蜘蛛、立枯病、枯枝病等病虫害。防治红蜘蛛可用敌百虫进行处理，立枯病发病初期可用甲基托布津可湿性粉剂处理，防治枯枝病可用退菌特可湿性粉剂或百菌清处理。

图3-30 龙柏

二十三、赤楠

（一）形态特征

赤楠又称山乌珠，赤南。桃金娘科蒲桃属常绿灌木或小乔木。原产于我国广东、广西等地，生长缓慢，叶小、对生，光滑无毛，枝密、四季常绿、新芽红色、木质坚韧、寿命长。果淡红色小球状，成熟后紫黑色。是观叶类树桩盆景的上等材料（图3-31）。

（二）习性

赤楠喜阳亦耐阴耐湿，不耐严寒，喜排水良好的酸性土壤。

（三）繁殖方法

赤楠树胚主要用扦插苗地栽培育，截取当年生的健康枝条12cm，插于疏松的沙土中，保持湿度，即可成活。

（四）养护要点

1. 水肥管理

赤楠的肥水管理按不干不浇，浇则浇透的原则进行。春秋两季应保持盆土湿润，每天浇一次透水，盛夏每天早晚各浇一次透水，冬季在寒潮到来之前要浇足水保温，不能干冻。赤楠喜肥，但不能施浓肥，新桩第一年不需施肥，从第二年起，视植株长势，在生长季节每隔半月或一个月施一次饼肥水，春秋两季每月加施一次含磷钾为主的复合肥。

2. 翻盆与修剪

赤楠生长较慢，3~5年进行一次改植换土，于晚春至早秋进行。换盆时剔去一半以上的旧土，剪去靠盆沿和盆底的根须，剪除腐根，换上疏松肥沃带酸性的腐叶土或园土。赤楠盆景成形后，在春、夏、秋三季一年都要多次摘芽或修剪，每次仅留一轮新叶，这样就可以保持枝条的冠幅基本不变，减少重剪的次数。每隔1~2年，选择在高温高湿的梅雨季节或春季萌叶之前，进行一次嫩梢回缩性重剪。

图3-31　赤楠

3. 病虫害防治

害虫有白蚁、天牛、蚧壳虫、蜗牛、天幕毛虫等，病害有煤烟病、白黏菌等。白蚁、蚧壳虫、蜗牛等虫害可在盆土中埋入呋喃丹防治，天幕毛虫用杀螟松乳油喷洒，天牛用氧化乐果喷杀。煤烟病用多菌灵喷洒，白黏菌用竹片刮除。

二十四、苏铁

（一）形态特征

苏铁又名凤尾蕉、避火蕉、凤尾松、铁树，苏铁科苏铁属常绿小乔木或灌木，原产于中国南部、印度、日本等地。其茎干粗壮直立，树形优美，羽叶油绿，四季常青，是制作盆景的良好材料（图 3-32）。

（二）习性

苏铁喜光，喜温暖湿润气候，宜酸性土壤，稍耐半阴，不耐严寒。寿命长，生长较缓慢。

（三）繁殖方法

苏铁通常采用播种、分蘖及埋插等繁殖方法繁殖。分蘖法是在早春 1~2 月，从苏铁老植株根部割取萌生小蘖芽进行培养。

（四）养护要点

1. 水肥管理

春夏生长旺盛期，宜经常保持盆土湿润，但不可积水。盛夏高温时，还应每天喷一次叶面水。秋季宜保持盆土偏干，但当盆土表层发白时需要浇透水。冬季休眠期，盆土保持微润偏干即可。苏铁喜肥且耐肥，春季每周施一次经过充分腐熟稀释的饼肥水或人粪尿均可，并且可在肥料中加进适量的硫酸亚铁，可使叶色变得深绿而富有光泽。夏季生长旺盛，要追施氮磷钾复合肥，另外每隔 10~15 天向叶面喷肥一次。初秋继续追施 1~2 次多元复合肥、腐熟饼肥、草木灰。

2. 翻盆与修剪

每隔 2~3 年进行一次翻盆换土，于春季 4 月为宜。翻盆时剔去一半以上的旧土，剪除腐根，换上疏松肥沃带酸性的培养土。苏铁的修剪较简单，一般在新叶展开后，将原来枯弱的黄叶、畸形叶、干瘪叶及病虫叶剪除，对于生长过密的叶片，也可适当进行疏剪。

图3-32 苏铁

3.病虫害防治

苏铁病虫害较少，害虫主要有蚧壳虫，可人工洗刷。病害主要为苏铁斑点病，可喷1∶1∶200波尔多液，或用百菌清治理，同时常见叶部缺铁黄化。施用1%硫酸亚铁稀释液即可。

二十五、金弹子

（一）形态特征

金弹子，又叫刺柿、瓶兰，柿科，属半常绿或常绿灌木。因其果形似弹丸，故称"金弹子"，花白色，形如瓶，香如兰，故又名"瓶兰花"。金弹子是果、花、叶并美的观赏花卉。因雌雄异株，所以盆栽金弹子有挂果和不挂果两种。叶革质、绿色、椭圆形或倒披针卵形。果有球形、锥形、葫芦形等。4月开花，9月果实开始成熟，果由绿渐变黄，再变红，经久不落直至第二年2~3月（图3-33）。

（二）习性

金弹子性耐低温，生长适宜期在4~11月，温度在28~33℃的范围。生长缓慢，成形以后易于保持树形比例，不乱形。

（三）繁殖方法

金弹子可用播种繁殖和扦插繁殖。

（四）养护要点

1.水肥管理

金弹子喜温暖湿润，故宜置于温暖而阳光充足的场所。夏季宜稍加遮阴，冬季放入室内。平时须保持盆土湿润，不可偏干。在夏季高温时，除注意适当庇荫外，还应经常喷水、浇水，增加空气湿度，才能促进良好生长。生长期要常施肥，夏秋宜增施磷肥，以促进开花结果。

2.翻盆与修剪

在春季3月进行，剪去杂乱枝及过密的枝条，以保持一定的树形。每隔2~3年翻一次，时间宜在早春。板结的旧土要换去1/3~1/2，补充以疏松的肥土，盆底垫一层粗沙或蛭石，

图3-33 金弹子

以利排水，长势才快。造型培育期水肥充足长势强健叶片会过大，定型进入观赏期，控制水分可缩小树叶，而全树摘叶能促发小叶，翻盆时疏剪根系更能塑造小叶。

3. 病虫害防治

金弹子常见的虫害有蚧壳虫和蚜虫等。

二十六、女贞

（一）形态特征

女贞别名冬青、蜡树、将军树，木樨科女贞属常绿或半常绿灌木，原产我国长江流域及南方各地区。枝条开张而微垂，小枝密生。叶对生，革质具光泽，卵形或卵状椭圆形，全缘。6~7月开白花，圆锥花序顶生，11~12月果熟，呈紫色，可采摘播种。因其根系发达，萌芽力强，耐修剪，生长迅速，盆栽可制成不同形式的盆景（图3-34）。

（二）习性

女贞喜阳光，稍耐阴，耐寒性极强；喜温暖湿润气候，对土壤要求不严。

（三）繁殖方法

女贞以播种育苗为主，也可扦插、压条繁殖。

（四）养护要点

1. 水肥管理

女贞喜湿润的生长环境，夏季早晚各浇一次透水和喷叶面水，冬季保持盆土湿润即可。小叶女贞对肥料要求不严，每年春、秋二季各施1~2次稀薄腐熟的饼肥水即可，夏季高温季节及冬季休眠期不可施肥。

2. 翻盆与修剪

小中型盆景每年翻盆一次，大型盆景每隔2~3年进行翻盆换土一次，于早春萌发前为好，秋后亦可进行。换盆时结合修整根系，剔去1/2旧土，换上疏松肥沃的培养土。女贞萌发力特强，为控制其生长，春季及时摘去不需要的芽，发新梢后，宜将先端1~2节剪去，防止徒长。平时注意随时修剪多余枝条及徒长枝，以保持树形。

图3-34 女贞

3.病虫害防治

女贞常见的虫害有蚧壳虫和蚜虫等。

二十七、金银花

（一）形态特征

金银花又名忍冬、金银藤、鸳鸯藤，忍冬科忍冬属多年生半常绿木质藤本。原产于我国南北各省区。茎细长而中空，左旋缠绕，皮棕红色，条片状剥落。单叶对生，卵形或长卵形，全缘，入冬略带红色，斑然可爱。花成对腋生，冠筒状，具有浓香，先白后黄，黄白相映。是不可多得的观花、观干盆景好材料（图3-35）。

（二）习性

金银花喜阳，喜温暖湿润气候，也耐阴，耐寒，耐旱耐涝，对土壤要求不严，对偏酸、偏碱性土壤都能适应，但以土层深厚、疏松肥沃的腐殖质土为最好。

（三）繁殖方法

金银花主要用播种和扦插进行繁殖，分株、压条亦可。扦插法在3月间用一年生枝条为插穗或梅雨季节用当年半熟枝为插穗进行。

（四）养护要点

1.水肥管理

金银花浇水应做到"见湿见干"，平时注意保持盆土湿润，尤其在开花时期不可缺水。金银花在每年春分前后施一次腐熟的有机液肥。待花芽密布枝头时，再施一次0.2%的磷酸二氢钾溶液，为开花提供足够的养分。第一轮花普遍盛开后，仍须常施稀薄的有机液肥，并剪去接近凋谢的花球。

2.翻盆与修剪

每隔2~3年进行一次翻盆，换去1/2旧土，并剪去部分老根，在盆底置放基肥，可促进生长和开花。金银花萌生力很强，修剪要及时，可在其休眠期间进行一次修剪，将纤细枝、

图3-35　金银花

弱枝、交叉枝剪除，并截短当年生健康枝条。在第一次开花后，进行摘心，可促进第二次开花。

3. 病虫害防治

金银花盆景基本上无病虫害，偶尔有蚜虫的侵袭，常用杀螟松或敌百虫喷杀。

二十八、五针松

（一）形态特征

五针松别名日本五须松、五钗松，松科松属常绿乔木，原产日本，中国长江流域及沿海各城市多有引种栽培。树皮暗灰色，呈鳞状薄片开裂；小枝绿褐色，密生淡黄色柔毛；冬芽长椭圆形，黄褐色。叶5针一束，细而短，簇生枝端，叶表面有明显白色气孔线，叶鞘早落；枝条疏展，叶序密生，有如层云涌簇之状，虽老不衰。五针松成形容易，是一种很好的盆景材料（图3-36）。

（二）习性

五针松喜阳光、温暖和高燥环境，稍耐阴，但怕低湿，适生于疏松肥沃、微酸性的土壤。

（三）繁殖方法

五针松多采用嫁接法繁殖。嫁接通常于春季2~3月份进行，以2~3年生黑松的实生苗为砧木，选取8~10cm生长健壮五针松母树上的一年生枝条为接穗，剪去下半部针叶，切接或腹接于砧木之根颈部。

（四）养护要点

1. 水肥管理

五针松喜湿润的生长环境，保持盆土湿润不积水。春秋两季每天浇一次水，在新芽萌发及生长旺盛时期，适当控水，夏季早晚各浇一次透水和喷叶面水，冬季保持盆土湿润即可。五针松宜在春、秋两季进行施肥，在春季萌芽前2~3个月，每隔15天施一次腐熟的稀薄饼肥，夏季高温季节间隔施2~3次10%的稀肥水，秋季可提高用肥浓度到25%，进入休眠期后停止施肥。

图3-36 五针松

2. 翻盆与修剪

盆栽土隔 3~4 年应换一次，换土时间应在 2 月末到 4 月初或 9 月至 10 月中旬为宜。换盆时结合修整根系，剔去旧土，换上疏松肥沃的培养土。五针松做成各种桩景时，需要不断修剪，才能使其姿态日趋完美。修剪包括剪枝和摘芽两部分。剪枝宜在 11 月至第二年 2 月休眠期进行，主要是剪除徒长枝、杂乱枝、病虫枝等。剪后伤口要立即用胶布封住。摘芽一般在每年 4~5 月，当芽萌发伸长达 2~3cm 时进行为宜。对于枝条顶梢上长得过长的芽，可摘去 1/3~1/2，促使针叶紧密短小，枝干粗壮。

3. 病虫害防治

五针松的病虫害主要有叶枯病、落叶病、蚜虫、蚧壳虫、袋蛾等，如发现叶枯病、松落叶病，应及时清除病叶，并喷洒 50% 甲基托布津可湿性粉兑水稀释 800 倍液。蚜虫、蚧壳虫、袋蛾，可以人工捕捉刷洗或用农药防治。

二十九、红花檵木

（一）形态特征

红花檵木又名红桎木、红檵花，金缕梅科檵木属常绿灌木或小乔木，是白檵木的变异品种。红花檵木产于长江流域至华南、西南地区。树皮暗灰或浅灰褐色，多分枝。嫩枝红褐色，密被星状毛。叶革质互生，卵圆形或椭圆形，两面均有星状毛，全缘，暗红色。4~5 月开紫红色花，花期长，30~40 天，国庆节能再次开花。红花檵木枝繁叶茂，树态多姿，木质柔韧，耐修剪蟠扎，是制作树桩盆景的好材料（图 3-37）。

（二）习性

红花檵木喜光，稍耐半阴，不甚耐寒，宜温暖气候。适生于深厚而排水良好的酸性土壤，有一定耐旱能力，适应性较强。

（三）繁殖方法

红花檵木主要以扦插和嫁接繁殖为主，一般培养小型盆景可用红花檵木扦插苗进行，中、大型盆景用嫁接繁殖的方法进行，嫁接繁殖是以白檵木为砧桩进行多头嫁接。

（四）养护要点

1. 水肥管理

红花檵木的栽种宜保持盆土湿润但不积水，南方梅雨季节，应注意保持排水良好，盛夏高温时每天早晚各浇一次透水和叶面水，秋冬及早春注意喷水，保持叶面清洁、湿润。红花檵木需大肥大水，生长期每月可施稀释沤透饼肥水两次，中间可适当添加 1% 的尿素，花期前喷施磷酸二氢钾兑水稀释 800~1000 倍溶液可促进花芽分化，花期及休眠期不施肥。每季还应喷施 0.5% 硫酸亚铁溶液一次，以保持土壤酸性。

2. 翻盆与修剪

红花檵木需要定期翻盆，小、中盆每 1~3 年翻盆一次，大盆每隔 3~4 年进行翻盆换土一次。翻盆时结合修整根系，剔去旧土，换上疏松肥沃的培养土。红檵木萌发力强，耐修剪。生长季节要及时地抹芽修枝，剪除徒长枝、丛生枝、内膛弱枝、病虫害枝等，对萌蘗枝除了留作备用的以外，一律抹除。

3. 病虫害防治

红花檵木主要虫害有蚜虫、尺蛾、夜蛾、天牛等。常见的有黑斑病、煤烟病，可用托布津、百菌清等进行防治。

图3-37 红花檵木

三十、南天竹

（一）形态特征

南天竹又名南天竺、玉珊珊，系小檗科南天竹属常绿灌木。原产于中国、日本。干直立，少分支。叶互生，羽状复叶，小叶椭圆状披针形，全缘。圆锥花序顶生，花小，白色。浆果球形，鲜红色。是观叶、观果的优良盆景树种之一（图3-38）。

（二）习性

南天竹喜温暖湿润、通风良好的半阴环境，较耐寒，要求排水良好的肥沃土壤。在阳光强烈、土壤瘠薄干燥处生长不良。

（三）繁殖方法

南天竹可通过播种、扦插、分株获得苗木，也可野外挖掘老桩获得树胚。

（四）养护要点

1. 水肥管理

南天竹喜湿忌积水，开花期每天浇水1次，以利开花。夏季浇水每天早晚浇水各1次，并常向叶面及其周围喷水。冬季要少浇水，保持盆土有湿润感即可。南天竹施肥不宜过多，在5~6月各施两次有机薄肥液即可。需要注意的是，每年在南天竹开花前要在盆土里加一些含酸钙类的物质或肥料，才能保证结果多。

2. 翻盆与修剪

每2~3年翻盆一次，更换盆土时，结合施以骨粉、腐熟饼渣等作基肥，并修整根系，换上疏松肥沃的培养土。在生长期要经常除去根部萌发的无用枝条。早春结合换土要进行全面整形，剪除病枝、无用枝，剪短过长枝、弱枝、老枝，使植株矮化。在生长前期施用生长调节剂，可以缩短节间、叶柄距离。

3.病虫害防治

南天竹病虫害较少，偶有蚧壳虫发生，可用氧化乐果喷杀。

图3-38 南天竹

除了以上所介绍的盆景树种以外，蚊母、三角枫、凤尾竹、佛肚竹、梅花、垂丝海棠、迎春、桂花、杜鹃、金橘、山楂、常春藤、络石、扶芳藤、两面针、木麻黄等也是岭南较为常见的盆景树种（图3-39~图3-52）。

图3-39 银河下九天
（材料：蜡梅 作者：纪文龙）

图3-40 相依
（材料：绣花针 作者：魏奇民）

图3-41　疏影横斜
（材料：金枝玉叶　作者：黄智敏）

图3-42　翠
（材料：油柑　作者：王秋桂）

图3-43　挺拔
（材料：木麻黄　作者：松照园）

图3-44　老态新姿
（材料：两面针　作者：程献豪）

图3-45　探戈
（材料：红棉　作者：陈金璞）

图3-46　焕发峥嵘
（材料：博兰　作者：温雪明）

图3-47　忆江南
（材料：杜鹃　作者：陆学明）

图3-48　江畔春色
（材料：荔枝　作者：曾子平）

图3-49　汹涌
（材料：桑树　作者：蓝茂发）

图3-50　老朽雄姿
（材料：蒲桃　作者：香港青松观）

图3-51　老当益壮
（材料：五色梅　作者：吴成发）

图3-52　翩翩起舞
（材料：胡椒木　作者：罗泽榕）

习 题

1. 简答题

1）列举常见的岭南盆景树种。

2）简述我国入世后出口美国的 5 种盆景植物形态特征，繁殖方法及养护管理技术。

2. 拓展题

1）找出校园里面可以做盆景的树种。

2）列举当地盆景树种。

项目4　南方树木盆景造型

　　树木盆景的造型是用自然形态的树桩作为素材进行创作。自然界中生长的树木千姿百态，即使是同样的树木，在不同环境下其形态也各异。本部分介绍的树木盆景造型是经过历代盆景艺人摸索总结的结晶，对盆景创作大有帮助。

　　树木盆景是表现各种树木优美风姿的艺术品，造型艺术讲求形神兼备，而不必受程式限制。因此，广大盆景爱好者通过多观摩、多学习、多探索、多交流、多实践，可以创作出更多形神兼备的作品。

任务1　悬崖型盆景制作

知识目标
- 掌握悬崖型盆景的特点。

能力目标
- 根据植物材料的特点制作悬崖型盆景。

工作任务
- 制作一盆悬崖型盆景。

一、悬崖型盆景的造型要点

　　悬崖型盆景是树干虬曲倾于盆外，树冠下垂，形态如长于悬崖峭壁的小树，表现出一种努力拼搏、艰苦奋斗的意境的一类盆景。常见树种有榆树、福建茶、九里香、黑松、五针松、匍地柏、雀梅、黄杨等。

（一）材料准备

　　1.选择盆钵

　　悬崖型盆景，要表现出老树虬枝着生于悬崖峭壁的自然景观，宜用千筒盆或斗盆，并摆放于高几架。盆钵的质地和颜色的选配，传统上多采用古朴典雅的紫砂盆，可以突出桩景的苍古。为了增添盆景的活泼气氛，有时在选配时可选择与树木叶片色泽颜色相近的均釉盆来调节对比关系，比如叶片颜色是嫩绿色时，可选择墨绿色的均釉盆。

2. 准备树木

在创作悬崖型盆景时，取材是非常重要的环节。在素材选择时，一般选取头部起立后急曲，干身第一、二节能弯曲下垂，飘离盆外，并有与干身方向相反的强壮拖根的树桩为好。由于好的素材难得，因此要根据素材条件进行考量，遵循"因材立意"来造型。

3. 其他选材

根据立意，需要准备高几架、铁丝、小园林石、苔藓、小草、配件、水泥等。

（二）树胚处理

在栽植时，应将树胚进行斜栽或卧栽（图4-1），避免了树干基部弯曲不协调，同时，树枝上翘，可以促进新枝的萌发。为了使得主干生动自然，需及时进行整形，可选侧枝低的小苗，截主留侧，卧干养胚，辅以修剪蟠扎，才能得到预先设计好的形态，否则待主干长粗后就很难达到树形设计的要求。悬崖型树木盆景的制作，一定要注意悬根露爪，即根要露出盆面，根性似爪，并有力度，因此可用"提根法"在日常栽培中慢慢提根。悬崖型盆景的下垂枝特别难长，正式上盆前的栽植蓄养阶段，要特别加强对下垂枝和根的培养。上盆数年后，下垂枝长势缓慢与其他枝丫比显得瘦弱，此时可在生长旺季改变盆钵置放的角度，将下垂枝朝上（图4-2）。

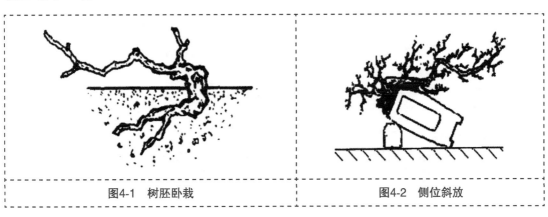

图4-1　树胚卧栽　　　　　　　　　　　图4-2　侧位斜放

（三）蟠扎修剪

干枝条的弯曲都是根据立意构思进行蟠扎而成，可用铁丝或棕丝进行蟠扎。蟠扎时如遇到硬度太大，不宜弯曲的主干时，可用剖干法，即用锋利小刀，在树木欲弯曲的部位竖向穿通枝干，切口方向与弯曲方向垂直，切一长 3~8cm 的口（枝干粗者长，细者短），先用麻皮或棕丝缠绕切口处，然后再进行弯曲（图4-3）。干枝蟠扎完成之后，选留枝托，留好备用枝，剪去多余枝，待定型后再剪去备用枝条。主要枝干基本定型后即可拆除蟠扎物，以此来加速树冠的生长。

（四）上盆布局

把基本定型的树木植于千筒盆，来突出悬崖特色，但由于大多数千筒盆盆口较小，不利于换盆，因此用半高式的方盆或圆盆种植也较为常见，展览布置时再用高几架造成悬崖气势。配盆的位置要突出树的根头，尽量靠近盆角（即"压角法"），使得整个作品显得生动活泼。根要露出盆面，形似爪，显示力度。主干弯悬一侧的底端不宜紧靠盆口边缘。上盆后，还要再做一番整体修剪，尽量做到树形疏密得当。

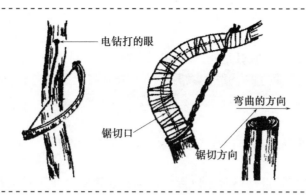

图4-3 剖切助弯

（五）修饰整理

上盆布局完成后，可以在盆面上适当加以修饰和点缀，宜配石的应配石，比如有时只靠根部造型，无法满足盆景的平衡要求，因此可用点石来达到目的。盆面用苔藓布翠处理（即在带土皮取来的青苔根面粘上泥浆，贴于也刷上泥浆的盆面上，用手按实，使其"地衣"无缝），来提高盆景作品的自然气息。最后进行浇水，浇足水后放阴凉通风处养护。

二、悬崖型盆景的常见形式

悬崖型盆景的形式常以树冠悬崖状态不同进行划分：主要有小悬崖、中悬崖、大悬崖、曲悬崖、回悬崖、钩悬崖（图4-4）。

1）小悬崖：冠顶悬垂程度不超过用盆高度的1/2。

2）中悬崖：介于大悬崖与小悬崖之间。

3）大悬崖：冠顶悬垂程度超过盆底者。

4）曲悬崖：又称为探枝悬崖式，主干按纵横导向徐徐弯曲而下。

5）回悬崖：又称为倒挂抬头式，主干悬下后毅然回首，呈"S"形走向。

6）钩悬崖：主干向一侧倾斜悬垂而下，然后向主干倾斜相反方向急速延伸，并略抬头，形成"C"形。

a)   b)   c)

图4-4 悬崖型盆景常见形式
a）小悬崖 b）中悬崖 c）大悬崖

d）

e）

f）

图4-4 悬崖型盆景常见形式（续）
d）曲悬崖 e）回悬崖 f）钩悬崖

【相关链接】

一、悬崖型盆景《云鹤仙骨》造型分析（图4-5）

《云鹤仙骨》作品使用的材料是山松，受生态环境影响，造就了树干千姿百态的畸形走向。满身鳞伤和枯干、舍利留下了历史遗韵，是生存斗争的结构，天工造化产物，较难得，绝非人工可以培植（除部分枝托外），故此，决定桩材优劣的是自然成分。有了天赋烙印，如枯干、节瘤、断顶、无底托或枝干残缺畸形等。还需有独到的眼光和判断能力，为我所需，为我所用，变废为宝。讲是容易，做到更难。好的桩材不是绝对，相反，劣材也是一无是处，劣势可转化为优势，发挥灵感就有好作品，见广就会识多。

图4-5 云鹤仙骨（材料：山松 作者：韩学年）

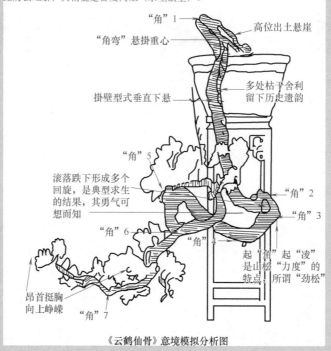

注：舍利是修炼而成的仙骨，非一日之寒，故漏涧，枯干是表述历史遗韵的常用手法，有"破树相"感，与"靓仔树"相反，应从沧桑、苦斗的人生经历去理解，其精髓是奋发向上（求生欲望）。

"角"1
"角弯"悬挂重心
高位出土悬崖
掛壁型式垂直下悬
多处枯干舍利留下历史遗韵
"角"5
滚落跌下形成多个回旋，是典型求生的结果，其勇气可想而知
"角"2
"角"3
"角"6
"角"4
起"角"起"凌"是山松"力度"的特点，所谓"劲松"
昂首挺胸向上峥嵘
"角"7

《云鹤仙骨》意境模拟分析图

图4-5 云鹤仙骨（材料：山松 作者：韩学年）（续）

二、悬崖型盆景《闪存》造型分析（图4-6）

《闪存》这一作品是一盆意境深远的悬崖盆景，树种普通，但给人印象是一棵不同凡响的榆树，有奇特震撼感。其造型完全脱离地心吸力所致的跌落下垂，也没有步步向上攀悬欲望，而是以多个高低不平、大小不同的"角"（转弯处小角度回旋，角弯锐利，好像动物的角）组成。形成闪电般瞬间的能量爆发，其速度之快，只能用"闪"来形容，能量之大，以闪耀作为爆发的意境表达，这是能量转化为动感，可想而知。

图4-6 闪存（材料：山松 作者：韩学年）

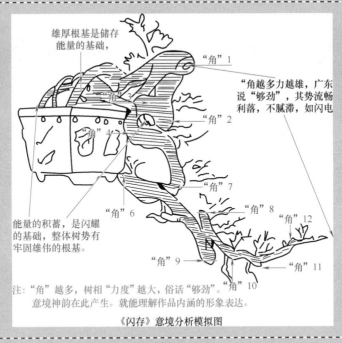

雄厚根基是储存能量的基础，

"角"1

"角越多力越雄，广东说"够劲"，其势流畅利落，不腻滞，如闪电

"角"3

"角"2

"角"4

能量的积蓄，是闪耀的基础，整体树势有牢固雄伟的根基。

"角"6

"角"7

"角"8

"角"12

"角"9

"角"10

"角"11

注："角"越多，树相"力度"越大，俗话"够劲"。意境神韵在此产生。就能理解作品内涵的形象表达。

《闪存》意境分析模拟图

图4-6 闪存（材料：山松 作者：韩学年）（续）

【实例分析】

一、作品《蛟龙戏水》赏析（图4-7）

《蛟龙戏水》是中国盆景大师陆学明之子陆志泉的佳作，几十年来潜心研究岭南盆景桩景技艺特点，在继承陆学明等老一辈岭南盆景艺术大师的艺术创作基础之上，以独到的构思进行创作，佳作尤多，这是其中之一。

这株红果树桩造型属于大悬崖式，桩头矫健，弯位得体，树身飘垂97cm，构图严谨。观该作品苍劲古老，悬根露爪，树皮嶙峋，嫩叶初露，生意盎然，犹如蛟龙戏水，给人以莫大的艺术享受。

二、作品《黄河之水天上来》赏析（图4-8）

这是典型的大悬崖式盆景。从盆口依次下泄的层层跌枝，随着主干的变化，左旋右拐川流不息。本品盆龄20余年，其老辣程度一目了然，无论夏姿浓郁、冬姿凋零，然其飞流不息，涛声依旧。

图4-7　蛟龙戏水
（材料：红果　作者：陆志泉）

图4-8　黄河之水天上来
（材料：榔榆　作者：龙川盆景艺苑）

 习　题

1.简答题

1）什么是悬崖型盆景？

2）悬崖型盆景选盆有什么要求？为什么？

3）简述悬崖型盆景造型要领和艺术意境。

2.拓展题

教师提供一件悬崖型盆景作品，学生进行评价。

 任务2　古榕树型盆景制作

知识目标

● 掌握古榕树型盆景造型的特点。

能力目标

● 根据植物材料的特点设计古榕树型盆景。

工作任务

● 临摹古榕树型盆景作品。

古榕树型盆景是岭南盆景中最具岭南特色的典型型式，常见树种有榕树、九里香、朴树、榆树、雀梅等。

古榕树型盆景造型要点：

（一）材料准备

1.选择盆钵

古榕树型树桩，应配上较为宽阔的浅盆，要盘根露爪，使树头和树身更为突出。盘形以形状简单的长方形或椭圆形较为常用，色泽以蓝或紫或黄为佳。盆钵口径一般不少于树桩冠径，为了能有虎踞龙盘的气势，口径还可适当放大。

2.准备树木

古榕树型树桩要求矮、壮、雄、茂。四方根盘且平浅，桩头部有坑有棱。一头多干（头部起立后分出多干），主干曲折有度、过渡自然，副干从属于主干，有"众星捧月"的艺术效果，如果头部有气根则更好。分枝平矮，横展幅度大。古榕树型树桩选桩时要与一本多干的大树型加以区分。古榕树型树桩要注重根头部特色和干枝平矮横展，一本多干则注重峻峭、伟岸的风范。二者虽桩形相似、配枝基本相同，但各具特色。古榕树型的树桩不适宜做过大其他形式的变动，只能因材造型，因此大部分古榕树型树桩源于生长在石面上或贫瘠土地上的野生桩，也有部分制作"古榕树型"的素材，选取树干较粗的扦插繁殖苗木，或用几株小苗树干相互靠接培养成较大的胚材。

3.其他选材

依主题所需，需要准备金属丝、小园林石、苔藓、小草、配件或水泥等。

（二）加工造型

1.蓄养展根

古榕树型盆景的造型，要有横向延伸的展示根，而未经技术处理的苗木在自然生长中其根多呈下行之势，需要对根部进行展根处理。将选取的健壮盆景树材挖出，用竹签把土剔干净，理顺根系，剪去所有向下的根系，并将根系尽量向四方横向延展，置于扁形物如石板的薄土层上，调节栽植位置和角度，为了防止晃动，将粗根用棕丝或易腐绳绑于石板上（图4-9），也可以于栽植后（浇水前）在盆外壁绑一条绳，再用两条绳索且十字形缠绕捆绑树干，四端固定于绳圈上（图4-10）。添加少量培养土，将根隙填实，再添加培养土并压实，浇透定根水后转入正常养护，数年后即可蓄养成理想的平展根型。

图4-9　蓄养展根

图4-10　截干蓄枝

2. 截干蓄枝

根据古榕树型树桩特点，可在主干适当高度截去，注意截主干时，要有主有次，参差有致。当主干蓄养基本理想后，进行枝条的蓄养，一般枝条的分布，要繁而不乱，枝干穿插其中，脉络分明。因此，留枝时以两侧左右交叉互生为好，特别是下部留枝以左右枝为主，忌用前后枝。上部留枝可在适当部位选留小片前后枝，以增加立体感或作适当藏露处理。侧枝选留时，忌用对生枝、轮生枝、叠生枝、平行枝等不良枝。古榕树型的枝型要用回旋枝，垂枝到尾端可用鸡爪枝、自然枝等。构图上可用等边三角形取其稳，不等边三角形取其动，多边形取其活。

3. 促老催古

如果树皮光嫩，树干缺乏嶙峋苍古之姿，应在树干上用撬树皮（即在植物生长旺盛季节，用刀将树皮与木质部慢慢分开，可在树干上形成瘤疤）或刻槽（即在树干主要观赏面凿出小洞，填湿土，可使小洞烂成大洞）或敲打（用木棒在树干需要的位置上间隔敲打，敲打可使树干变粗增加数目的苍老之感）等方法促老催古。经过几年的培育，桩头部有坑有棱，方显苍老嶙峋之势。

4. 嫁接"气根"

古榕树型盆景其风格除了根盘平浅，桩头部有坑有棱之外，其中还有很多气根垂挂，这是古榕树型盆景的独特之处。如果想培养"榕树"的"气根"，可采取嫁接"气根"的方法。

在造型长枝期进行，挑选适合作为"气根"嫁接的同种树的小树苗，按所需长度截好，用刀把截口以下 1cm 左右的皮层部分去掉，保留木质部。树胚也按小树嫁接部位截口的长、短、斜、直情况，用半圆凿凿好嫁接口。嫁接切口用吊扎法固定绑扎后，把嫁接好的气根理顺培上土，浇水后再用塑料薄膜把嫁接口封好，保持伤口处干爽，防止细菌感染。

（三）上盆莳养

经过几年的培育，就可以上观赏盆莳养，视其树态，可植当中，使其构图严肃雄浑，或可植稍偏，使其生动活泼。上盆时注意梳理好根系，剪短过长过粗根，然后，对不理想的枝进行疏剪或适当蟠扎调整，但暂缓整体修剪，充分利用光合作用，使枝条快速增粗。

（四）盆面修饰

上盆布局完成后，在盆土土表铺上适量的青苔。古榕树型盆景往往为了表现盈尺之树有参天之势，会放置几块山石，为了增添生活气息，会放置一些牧童放牛或老翁下棋等小配件，但小配件要注意符合自然情趣，且大小比例合适，色彩调和。

【实例分析】

一、作品《小鸟天堂》赏析（图4-11）

《小鸟天堂》是中国盆景艺术大师刘仲明先生用100多年树龄的九里香为材料创作的作品。桩材本身树干苍劲老辣，坑洼嶙峋，并有天然的"舍利"，是非常好的盆景材料。作者为了造就矮化的自然大树形，用截干蓄枝手法，截去左边的一条大干，改为一头多干的"矮仔大树"，以此得到合理的比例。枝法脉络有序，伸延流畅，繁而不乱，有"小鸟天堂"的意境。

项目 4 南方树木盆景造型

97

二、作品《岁月如歌》赏析（图4-12）

《岁月如歌》树高60cm，以古榕大树造型，构图严谨，根基稳重，树身矮壮，气势雄浑，尽显古木雄风之风格。它枝繁叶茂，翠盖如云，树影婆娑，恍如一株屹立树头的百年古榕，虽经风吹雨打，阅尽人间沧桑，却依然生机勃勃，四季如春，散发着浓郁的乡土气息，有如一曲岁月之歌，使人产生怀旧和思乡之情。

图4-11 小鸟天堂
（材料：九里香 作者：刘仲明）

图4-12 岁月如歌
（材料：榕树 作者：黄财福）

习 题

1. 简答题

1）什么是古榕树型盆景？

2）简述古榕树型盆景造型的特点。

3）简述古榕树型盆景的意境。

2. 拓展题

临摹图4-13古榕树型盆景作品。

图4-13 古榕树型盆景

图4-13　古榕树型盆景（续）

任务3　木棉型盆景制作

知识目标
- 掌握木棉型盆景造型的特点。

能力目标
- 根据植物材料的特点设计木棉型盆景。

工作任务
- 临摹木棉型盆景作品。

木棉型盆景是模仿自然界木棉树而塑造成的一种直立形造型盆景，其树形巍然挺拔，高耸入云，树基部板根突出，均衡稳固，主干自根部越往上伸展越细，枝丫轮生，分布得宜，线条自然流畅，层次简洁分明，平伸的枝枝结盘旋，有一股气贯云霄的英雄气概。常见树种有五针松、罗汉松、朴树、榆树、九里香、朴树等。

木棉型盆景造型要点：

（一）材料准备

1. 选择盆钵

木棉型树由于树姿苍劲挺拔，则盆钵线条也应刚直，适宜配长方形、四方形或有棱角的浅盆，来表现它的阳刚之美。盆钵的色彩要与树木的色彩既有对比又能调和，比如常绿类树桩盆景配以红褐色一类深色的紫砂陶盆，花果类色彩丰富的宜配上色彩明快的釉陶盆。

2. 准备树木

一般选择的桩材，要树干挺拔，最好曲中见直，直中有曲，树节较密，且有对生枝、轮生枝的树材，侧枝要粗壮，能起到树冠横势的主导作用。考虑第一枝托一般要高，要留下垂枝的空间，根茎要发达，树头有板根或三面露根，不能有偏根，使高大的树形不至于头重脚轻。

3. 其他选材

依主题所需，需要准备铁丝、小园林石、苔藓、小草、配件、水泥等。

（二）加工造型

树干要挺拔，即直中有曲、曲中见直地逐渐缩小树尾，并且流畅有势。树头既要大又要有多条"板根"，这样才显得树干雄壮有势。如果没有"板根"，可采用挤压法，人工制造板状根，即在树木生长过程中，通过不断对根基主根进行挤压，使其形成板状。掘起后，洗去泥土，保留侧向主根，将侧根向四周分成5~7根，根底呈"喇叭状"，并将锥状物体塞入根下养护。成活后，拔出主根，用自制刀形铁板且带螺丝，分别将分开的侧根夹拧紧，两年后拆卸夹板，即可塑造成别具风格的板状根（图4-14）。对门枝是木棉树的显著特点，根据造型要求，修剪掉多余的枝条，保留两对以上的对生枝条，如果干部缺枝，可利用同属树种进行靠接的方法补枝。为使构图显得不呆板，不宜全部采用"对门枝"，可在某层留一枝条做垂枝来进行"破格"，为了做出"垂枝"跌宕的空间效果，故宜采用"高托"（第一层的枝位要高一点），以有利于搭配"垂枝"的位置。枝条通过修剪和蟠扎成需要的形体后，及时抹除主干部萌生的新芽，促使侧枝上的新条生长。顶枝任其生长，当其干粗细合适时，截掉顶端枝条，下部侧生出来的新枝条进行蟠扎，数次后可定型。

木棉型盆景有单干式也有双干式，双干式要一大一小、一高一低才有情趣。特别要处理好主、副干枝与枝的承破关系，切忌互相交叉、遮蔽。外展的枝要得势，是培育的重点，要成为造型的精华。结顶要相互呼应、统一，既各自独立又共成整体。头根的要求无单干木棉那么严紧，但以连生为好。数年后，树冠基本成形后即可正式上盆。

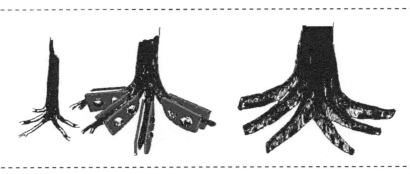

图4-14 板状根

（三）栽植树木

由于木棉型盆景一般用浅盆栽种，因此需要用金属丝将树根与盆底扎牢，可先在盆底放一根铁棒，用金属丝穿过盆孔将铁棒拴住，这样在树木栽种时，根部固定在铁棒上，不会使树木因盆土过浅而摇动，从而影响根系发育。木棉型盆景不宜栽植于盆中央，应植于四六之比的位置上。完成树木栽植后，按照布局造型要求对树木进行细致修剪，如果是双干木棉型盆景，在枝法上要注意争让得法，顾盼有情，长短有度，伸延流畅。

（四）盆面修饰

表土裸露处铺上青苔，起装饰效果，表现出树木生长在绿草如茵、生机盎然的环境中。有些树桩盆景可以用山石点缀，增添其诗情画意和自然趣味。为了深化主题或作为充实构图，补充不足，可以适当安放配件。

【实例分析】

木棉型盆景欣赏（图4-15）。

a）

b）

c）

d）

图4-15　木棉型盆景

a）伟岸如汉	b）情藏沃土意蓝天	c）悠悠雄心	d）刺破青天锷未残
材料：榔榆	材料：雀梅	材料：山格木	材料：刺柏
树高：90cm	树高：100cm	树高：60cm	树高：130cm
作者：仲济南	作者：黄翔	作者：赵富仔	作者：屠雪年

　　以上四件作品都是木棉型盆景，至少有两对两边自然伸展的枝条，犹如张开双臂，迎接宾客。其树形巍然挺拔，高耸入云，基部有明显板根，根、干、枝、叶整体舒展，均衡稳固，表现了一股气贯云霄的英雄气概。

习 题

1. 简答题

1）什么是木棉型盆景？

2）简述木棉型盆景造型的特点。

2. 拓展题

请在图 4-15 木棉型盆景中选择一件作品进行评价。

任务4 水影型盆景制作

知识目标
- 掌握水影型盆景造型的特点。

能力目标
- 根据植物材料的特点设计水影型盆景。

工作任务
- 临摹水影型盆景作品。

一、水影型盆景的造型要点

水影型盆景，仿佛生长在湖泊河流岸边，以大角度向水一方倾斜的自然树形，又名临水型，是比较特殊的造型。水影型盆景树桩的主干横出探出，枝叶飘出盆外，一般不低于盆沿，悬而不垂，宛若临水之树贴近水面伸向远方，可见水中倒影。水影型盆景造型位于卧干式和悬崖式造型之间，飘逸潇洒，轻盈活泼。水影型盆景一般选用软性枝条和耐湿树种，如榕树、红果、榔榆、小叶女贞、黄杨、六月雪等树种。

水影型盆景造型要点：

（一）材料准备

1. 选择盆钵

水影型树木盆景，宜选用较深的圆形盆或六角形盆，盆钵要有一定的高度，这样更能衬托出主干伸向远方的临水之感，如用浅盆，陈设时应置于较高的几架上。

2. 准备树木

制作水影型盆景时，宜选用主干出土不高且向一侧平展生长的树木桩材。

3. 其他选材

依主题所需，除细沙土外，还要准备小铁线、小园林石、苔藓、小草、配件、水泥等。

（二）树胚处理

栽植前要对树胚外形进行加工修整，如主干过长，先对顶部主干进行强剪，缩短盆树的高度，再剪去下方较细的侧枝，使树形不对称。观察修剪过的植株，选用枝叶繁茂，且向一方有所倾斜的作造型枝，使其呈向左或向右临水状，剪除左伸或右伸的强枝，其他枝条分别进行疏剪、短剪。

（三）蓄枝蟠扎

桩胚处理好后，可地栽也可盆栽，将根茎掩埋土内，待其成活后，逐年提根。为了消除匠气、增加苍老的形态、形成古朴自然的树姿，必须靠长时间的培育蓄枝，通过大水大肥强光促长，1~3年不剪造型枝来放养增粗，过渡初成后在蟠扎修剪进行造型。蟠扎时，用不同粗细的铁丝分别缠绕主干和分枝，小心地将顶部树干和倾斜分枝向左或向右弯曲，使它们形成临水之势，将另一侧小枝稍作上弯，让树冠轮廓近似于不等边三角形。造型枝顺势布设，先疏后密（图4-16），发出的新芽留一定芽节后梢端要抹除，不使枝叶上升太高，有损临水状。

（四）上盆布局

成形后即可上盆。上盆前1~2天内不要浇水，使盆土稍干，利于脱盆。脱盆时，剔去1/2的宿土，删剪部分枯根、老根、断根，以及过密的根系以利于上盆及根叶平衡。进行树桩栽植填加土壤时要理顺根系走向，体现"拖"的效果（图4-17），同时要略提根，使根显露出来，显老树之态，树冠需斜飘出盆面，则主干下部向一侧弯曲上升，枝条横生直展，不倒垂，宛若临水之木。

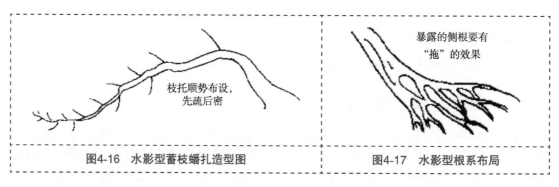

枝托顺势布设，先疏后密

暴露的侧根要有"拖"的效果

图4-16　水影型蓄枝蟠扎造型图　　　　图4-17　水影型根系布局

（五）盆面修饰

盆景的主景在盆内制作完成后，可根据需要摆放一些与景相称的摆件。盆景在进入观赏期后，为了突出地貌，或用于展览等，一般都需要铺苔。盆面修饰完成后进行浇水日常管理。

二、水影型盆景常见形式

水影型盆景一般按主干的数量分为单干水影式、双干水影式、三干水影式。

（一）单干水影式（图4-18和图4-19）

这是水影型盆景的主要形式，树干曲折多变，伸向外盆，向水平面延伸而不倒挂下垂，枝叶分布均匀自然，疏影流辉，横空出世，具曲线美。近基部要培养一枝托为全树之顶，使盆景重心向根部移近，以达到平衡。整体树相有临水照影之势，波光树影，相映成趣，端庄典雅。

（二）双干水影式（图4-20和图4-21）

这种形式两干倾斜并行竞相横生，一高一低，下干贴近盆沿平展临水远伸，上干斜生翘首向上。因上干基部没有主枝同主干反向伸出，要注意根部提露，才能解决好动势中的均衡。整体形态流畅，如清流掬月之态，飘逸潇洒。

图4-18　单干水影式
（材料：簕杜鹃　作者：罗伟源）

图4-19　单干水影式
（材料：福建茶　作者：陈德昌）

图4-20　双干水影式
（材料：桑树　作者：黄锦）

图4-21　双干水影式
（材料：水横枝　作者：谭广颐）

（三）三干水影式（图4-22和图4-23）

这种形式下两干横斜交叉向水延伸，富有动势，上干斜生昂首仰天，为株之冠，使整体造型达到均衡。根部微露土面，既显出苍古之态，又能增添稳定感。整体形态富于变化，虬枝横空，生机蓬勃，平衡稳固。

图4-22　三干水影式
（材料：红杨　作者：罗泽榕）

图4-23　三干水影式
（材料：九里香　作者：林英华）

【实例分析】

一、作品《飒爽英姿》赏析（图4-24）

锦松原产日本，我国江苏、浙江一带也有引种栽培。它的久年老树桩，呈灰褐色或族黑色，凹凹凸凸，似奇疮怪鳞，树形诡奇独特，苍劲古拙，是珍贵的盆景树种。在岭南盆坛上，以锦松作盆景的较为少见。据称，1972年美国总统尼克松访问上海时，他在其下榻的宾馆见到一盆锦松盆景，误认为是一件人工制成的珍贵工艺品，引起了他的艺术兴趣，后来他通过翻译获悉这是一盆有生命的锦松盆景时，则更加赞赏不已。

陆学明盆景艺术大师有一盆题为《枫爽英姿》的锦松盆景，是他的得意之作。他的锦松盆景，经过30多年的精心栽培，树干龟裂痕深，苍劲麟胸，松皮纹裂鳞皱，如铜皮铁骨，久经风霜，健壮发达，针叶如裂，犹如一名体坛上的健美力士登台大展英姿，表现出健与力、俊与美的风采，不禁使人鼓掌喝彩，乃为之赋诗曰：铜皮铁骨披绿衣，健美力士展英姿。昔日闭门勤苦练，一举成名天下知。

二、作品《临崖不惧》赏析（图4-25）

澳洲杉也叫不老松，原产于大洋洲东南沿海地区，现南方各省均有引种栽培，喜温暖、潮湿的环境，在阳光充足的地方生长良好，有一定的耐阴力，但要避免夏季强光曝晒。澳洲杉是世界上三大观赏树木之一，生命力十分强，既喜湿也耐干旱，四季常绿，只要保持零度以上就能够越冬，是净化空气的高手之一，很适合在光线不足的室内长期养护。近几年，该树种大量用于盆景制作。作品《临崖不惧》，澳洲杉粗根悬露，绿叶葱郁，宛如一颗悬崖松树，临崖不惧，给人以正气凛然之感。

图4-24 飒爽英姿
（材料：锦松 作者：陆学明）

图4-25 临崖不惧
（材料：澳洲杉 作者：罗泽榕）

习　题

1. 简答题

1）什么是水影型盆景？

2）简述水影型盆景造型对材料的要求。

3）简述水影型盆景的造型要点。

2. 拓展题

临摹图 4-26 中各式水影型盆景作品。

图4-26　水影型盆景造型

 任务 5　斜树型盆景制作

知识目标

● 掌握斜树型盆景特点。

能力目标

● 根据植物材料的特点制作斜树型盆景。

工作任务

● 制作一盆斜树型盆景。

一、斜树型盆景的造型要点

斜树型盆景也称为斜干型盆景，其树体向一侧倾斜，一般略弯曲，枝杈左右伸展，疏影横斜，飘逸潇洒，动感强烈，颇具诗情画意。由于它的主干与地面不垂直，形成重心不稳定之态，因此，斜干型盆景必须突出主枝，取得一定的动态平衡，形成自由奔放、富于动感的风格。常用树种有五针松、罗汉松、榔榆、福建茶、水横枝、雀梅、黄杨、六月雪等。

斜树型盆景造型要点：

（一）材料准备

1. 选择盆钵

斜树型盆景多用长方形盆或椭圆形盆，其中以较浅的紫砂盆钵最为美观。

2. 准备树木

野外掘取老桩，经细心观察，选出适宜作斜树型盆景的树桩，选取时，应特别注意单面的根盘，也就是可运用单面根盘的树木来塑造斜干。此外，对于树干过粗而无法还原成直干时，此类型的树木皆适合用来塑造成斜树型，概括起来说，一些不易塑造成直干或曲干的树种，大多能以斜干形态展现出来。

（二）布局造型

斜树型是将树木植于盆钵一端，树木向另一端倾斜，倾斜的树干不少于树干全长的一半。斜树型多用单株，也有用两三株合栽的。树干与盆面呈 45° 左右，主干直伸或略有弯曲，树冠常偏于一侧，斜干树冠的重心要偏离根的基部以增加动势，当树干向右倾斜时，右侧要有明显的露根，其体量、长度应大于左侧根，以增加视觉的稳重感。冠的顶枝一般呈上升状，干的下部枝比上部枝尽量粗长一些。整个植株稍高一些，更能体现奇中求稳的艺术效果。枝的修剪多保留上部枝，多剪弯内和树干的下部枝，并注意角度和位置。

造型时常用"截干蓄枝"法，在一定高度把树干上端除去，将上部侧枝再培育成树干。如用幼树制作斜树型盆景，可待幼树长到一定粗度时再进行蟠扎造型。

（三）栽植树木

栽植时应注意树干与盆面的角度，因为树桩根部的土较少，定植后浇透水，树干将进一步倾斜，会缩小树干与盆面的角度，角度变小，会影响效果。

（四）修饰整理

盆景在进入观赏期，为了突出地貌，或用于展览等，可以通过铺苔处理。为保持树干与盆面的角度，不影响造型效果，定植时可在夹角处放置一块上水石以供支撑。

二、斜树型盆景常见形式

斜树型盆景依据主干的变化，可将其分为基斜式、折斜式和回头式三种。

（一）基斜式

这种形式从树干基部即开始倾斜，以动取势（图 4-27）。

（二）折斜式

这种形式树干基部直立，达到一定高度后曲折倾斜，具有稳中求动的灵活个性（图 4-28）。

图4-27 基斜式（材料：榆树 作者：罗泽榕） | **图4-28 折斜式**（材料：春花 作者：黎景祥）

（三）回头式

这种形式在主干倾斜的基础上，树干顶部毅然回头，呈现刚柔相济、动中求稳的艺术特点（图 4-29）。

斜树型盆景制作过程中要注意，主干倾斜，但顶部昂立不低头；侧枝造型时，侧枝及大部分小枝应做到左右互生，下粗上细，下垂上扬为基本原则。

图4-29 回头式（材料：雀梅 作者：黄磊昌）

【实例分析】

一、作品《酡颜弄舞腰》赏析（图4-30）

《酡颜弄舞腰》是岭南派宗师陆学明的作品，尽显岭南派盆景"师法自然，妙造自然"的创造思想。盆景作品结构严整，线条流畅自然，主干瘦硬，却筋肉饱满，态势斜伸，富于动感。左侧"飞枝"走势险峻，飞动舒展，长短适宜，"飞枝"上部的一段主干似乎直且长，然而置一顶眼出枝将其化解，不仅为这一段呆直的主干增加灵动，同时也使左侧外轮廓显得虚实相生，曲折有致，空间的层次感更加丰富。

二、作品《似是无声却有声》赏析（图4-31）

清代诗书画家、扬州八怪之一的郑板桥，善画竹。他画竹，每以自然为蓝本，凝思品味，体察入微，长年不懈，孜孜以求。因而他笔下的竹，清疏摇曳，栩栩如生。正如其书云："四十年来画竹枝，日间挥写夜间思。冗繁削尽留清瘦，画到生时是熟时。"又因他画竹，非为竹而竹，而是注入了他自己对生活的感受，因而他所画的竹，品格刚正，高风亮节。他又有诗云："衙斋卧听萧萧竹，疑是民间疾苦声。些小吾曹州县吏，一枝一叶总关情。"可见，板桥之竹，不仅仅是自然的景物，而实乃寄情于物，物中有情。

由板桥之竹，想到素仁和莫珉府的盆景。笔者认为，两者间可谓有异曲同工之妙。莫珉府（1903—1985）（书画家－岭南派风格创始人之一）是"自然型"盆景的创建者，他善于借鉴国画构图创作盆景，构图活泼多样，野趣盎然，虚实，对比鲜明，别具一格，形成别具一格的"自然型"特点。如果把盆景比作绘画，则孔泰初的盆景就是工笔画，素仁和莫珉府的盆景就是写意画。他们三人是广州栽培和制作盆景的优秀代表，号称"盆景三杰"。他们的作品各具特点和风格，均体现了岭南盆景的鲜明特色。作品《似是无声却有声》是莫珉府盆景代表作之一，观此作品，国画构图手法尽显其中，整幅作品无声胜有声，概括了作者对人生的体会和感受，饱含着生活的哲理，观之使人回味无穷。

图4-30 酡颜弄舞腰
（材料：红果 作者：陆学明）

图4-31 似是无声却有声
（材料：竹子 作者：莫珉府）

习 题

1. 简答题

1）什么是斜树型盆景？

2）斜树型盆景选盆有什么要求？为什么？

3）斜树型盆景依据主干的变化分几种类型？

2. 拓展题

图 4-32 和图 4-33 盆景作品是否为斜树型盆景，并对其进行欣赏评价。

图4-32 榕荫论道

图4-33 游龙贺春

 任务6 大树型盆景制作

知识目标
- 掌握大树型盆景的特点。

能力目标
- 根据植物材料的特点制作大树型盆景。

工作任务
- 制作一盆大树型盆景。

一、大树型盆景的造型要点

大树型盆景是盆景中比较常见的桩型，是用细叶或者古奇的小树桩模仿大自然参天大树的景观的盆景造型，以其树相雄浑、格调伟岸、苍劲古朴的魅力深得广大群众的喜爱。

（一）材料准备

大树型盆景选桩的先决条件是矮、大，干身过渡自然，枝托充足，分枝平矮，四方根盘且平浅，桩头部有坑有棱。大树型盆景多用长方形盆或椭圆形盆。

（二）布局造型

大树型盆景构图灵活，等边三角形、不等边三角形、多边形都可应用，一切技法都适合。大树型造型综合了多种型式的特点，与悬崖型一样，最能代表作者的技艺水准。

二、大树型盆景常见形式

常见的大树型盆景造型分为直干大树式、斜干大树式、曲干大树式、双干大树式和三干大树式。

（一）直干大树式

这种造型比较规范，风格雄劲。由于第一枝托略短、略低，构图多呈等边三角形和不等边三角形（图4-34）。

a）　　　　　　　　　　　　　　b）

图4-34　直干大树式

a）材料：榕树　作者：陆学明　b）材料：榆树　作者：曾祖

（二）斜干大树式

这种造型主干曲斜，动感强烈，造型灵活多变，较为潇洒飘逸，构图多呈不等边三角形（图4-35）。

（三）曲干大树式

这种造型主干干身卷曲翻滚，如龙蛇飞舞，气象万千，最为灵动，是十分难得的桩形。其造型千变万化，因材而异，依托引发，重意境，尚自然，不媚不俗（图4-36）。

（四）双干大树式

这种造型一本双干，相差无几。总体树姿可看成单干创作，但具体到每一干又独立成景，相辅相依有主有次，争让得体，相互照应（图4-37）。

（五）三干大树式

这种造型一桩三干，有主有从，团结一体。造型较为复杂，既有常规三干丛林型的造型特点，又偏重于整体的大树造型特点。树相雄伟，造型随意发挥，自由驰骋（图4-38）。

图4-35　斜干大树式
（材料：相思　作者：伍宜孙）

图4-36　曲干大树式
（材料：榆树　作者：罗泽榕）

图4-37　双干大树式
（材料：红果　作者：吴成发）

图4-38　三干大树式
（材料：雀梅　作者：黄基棉）

　　大树型盆景也可分为自然大树式（图4-39）与矮仔大树式（图4-40）。自然大树式介于高耸型盆景与矮仔型盆景之间，枝托较为自然流畅，颇具野趣；矮仔大树式介于自然型盆景与古榕树型盆景之间，树相矮壮，托粗枝旺。

图4-39　自然大树式
（材料：木麻黄　作者：陈有浩）

图4-40　矮仔大树式
（材料：雀梅　作者：黄磊昌）

【实例分析】

一、作品《长揖迎月》赏析（图4-41）

榆树盆景《长揖迎月》是中国盆景艺术陆学明大师的众多作品之一。陆学明老师从迎阳临江枝条飘出水面、生长得特别潇洒雄伟、生长速度特别快的特点，从中领悟出阳光与水分对树桩生长的特别作用，从而创造性地应用具有岭南盆景制作技巧的"大飘枝""大摊手""回旋枝""风吹树"等技法，充分表现出岭南水乡风情的特别效果，制作出具有岭南地方特色和艺术风格的盆景作品。目前，许多盆景爱好者和工作者在创作树木盆景时都喜用飘枝手法，对作品起到画龙点睛作用。观此作品通过斜干大树型大飘枝造型法，透出风流俊逸的形态，充满动感，雄浑苍古，自然如画而脱尽匠气，其造型，有如东篱人，"不是趋炎客，长揖迎月来"。

二、作品《劫后余生》赏析（图4-42）

"姿势入神巧天工，龙钟苍老郁葱葱"。该榆树主干已全部枯死，桩体仅为上窄下宽的树皮半片，树皮边缘向内翻卷，颇为奇特。作者造型时因斜倾取势，主干左侧，上部右转，偏中结顶。经过作者十余年的精心培育，截干蓄枝，细扎精剪，使本作品枯荣相济、生机盎然。纵览全树枝条，结顶自然，疏密有致，左右收放，层次分明。

树体左侧主干斜向上伸展，显示出超常的生命和无穷的动力。枯与荣、生与死形成强烈的对比，反映出环境的严峻和历史的漫长，表现了顽强的生命力和悲壮美。故作者取名为《劫后余生》。

图4-41　长揖迎月
（材料：榆树　作者：陆学明）

图4-42　劫后余生
（材料：榆树　作者：邬红）

✘ 习　题

1. 简答题

1）什么是大树型盆景？

2）大树型盆景选桩有什么要求？为什么？

3）大树型盆景通常有几种形式？

2. 拓展题

教师提供几件以前学生做的大树型盆景作品，请学生进行评价，并指出如何改进。

 # 任务7　双干型盆景制作

知识目标

● 掌握双干型盆景的特点。

能力目标

● 根据植物材料的特点制作双干型盆景。

工作任务

● 制作一盆双干型盆景。

一、双干型盆景的造型要点

双干型盆景是指两株相同或两株各异树桩并种在一起的盆景造型，双干高矮、粗细、曲直等要有适合的比例，要有均匀的变化，生动自然，内容上也要协调呼应、相互烘托、突出盆景主题，以体现友谊、手足之情。

双干型盆景造型要点：

（一）材料准备

双干型盆景在选择树桩时首要考虑协调性，其中涵盖了树干的分枝、长短、粗细等均衡因素，所以在挑选树桩时，应注意以下几方面：主干及副干的分枝点越低越好，最佳的树姿是从隆基的基部才开始分枝；分枝点的斜角以锐角最佳；主干及副干的粗细不可有太大的差别；头根以相连根而各自有头部为佳，一头两干（从地面起）次之。

（二）配盆要求

根据树的形态来选择用盆，一般用浅的长方形、椭圆形或圆盆，盆钵的色彩要与树木的色彩既有对比又能调和。

（三）布局造型

塑造双干型盆景时，切忌双干同粗、等高，勿使主干与副干呈平面并列。一般副干宜稍向后拉，主干的主枝也需与副干呈反方向延伸，目的在于免除彼此的树枝重叠，虽然双干是两树干组成，但仍应视为一体，所以在配置树枝时，应依照单干等的基本型来塑造，即以第一枝（主干）、第二枝（副干）、第三枝（主干里枝）的次序配置，以便获得协调的整体美。此外，当枝向内侧生长时，可培植成弥补空间的短枝。同时，在副干树心的上方，也要留些空间。枝形常见有鸡爪枝、平行枝、跌枝、飘枝等。

（四）栽植树木

栽种时，两干形态要富于变化，要求一大一小、一高一低、一俯一仰或一直一斜，这样造型才显得优美。若用两株幼树栽于一盆中，待生长到一定高度时要进行摘心，促进其分枝，使两棵树木枝条搭配得当、长短不一、疏密有致，好似自然生长的一样。一般两株树木相距较近，否则给人零散而无美的感觉。通常是大而直的一株栽植于盆钵一端，小而倾斜的一株在旁边，其枝条伸向盆钵另一端。

二、双干型盆景常见形式

双干型盆景的组合形式是灵活多变的，大体有双直干、双曲干、双斜干、一正一斜、一斜一横、一横一垂等（图4-43）。树干收缩的缓急、树干曲直、两干粗细对比度、两干开合程度的不同等，都将影响双干树的风格，呈现不同的风姿。虽然双干树具有多样性，但都遵循其共性，即素材的造型基础（选材）应具备主次分明、开角适宜、开叉宜低、避免笨拙等特征。

a）

b）

c）

d）

图4-43　双干型盆景常见形式

a）双直干（材料：雀梅　作者：黄基棉）b）一正一斜（材料：罗汉松　作者：罗泽榕）

c）双斜干（材料：雀梅　作者：汤国平）d）双曲干（材料：九里香　作者：罗伟源）

e)   f)

图4-43 双干型盆景常见形式（续）

e）一斜一横（材料：刺柏 作者：鲍世骐） f）一横一垂（材料：榆树 作者：卢剑康）

【相关链接】

双干型盆景的几种风格

以一正一偏（主干正、副干偏）的常见双干型盆景为例，其风格主要有以下几种。

（一）均衡型

均衡型的特点是主干侧枝"争"，副干侧枝"让"，最大、最长枝一般是主树的第一侧枝，整体树冠呈斜三角形，这是最常见的双干型式，具有稳重、均衡、谐调的特征。

（二）侧流向型

此型式的特点是有意缩控一侧枝，而放纵另一侧枝，突出枝的趋向动感，不以均衡为重。根据枝的流向，可分为"主流向型"与"副流向型"，前者是主干外侧枝长、副干外侧枝短；后者相反，以副流向型更见特色。

（三）高耸型

高耸型即素仁风格的双干树，特点是双干细长高耸，曲度小，两干靠近，主干正立，副干稍偏，属于"树冠不显型"的少龄树，所以枝托不似老龄树那样下垂，而是取上行之势，表现清高洒脱的风格。为此在布枝上应抓住"高、简、短、活"的要领，"高"即高位出枝；"简"即布枝简洁，能少则少；"短"即出枝宜短，以突出高耸的特征，"短"的另一层含义是枝脉忌粗，这样才能与短枝吻合；"活"即布枝要灵活，忌呆板，要避免太规则或雷同，这也是此树形的创作难点。

（四）高耸跌枝型

此型是结合高耸型与岭南盆树中突出一大下行枝的特点而成，因而兼有这两种树型的特点。此型式与高耸型相比，双干稍有曲折的变化，这是配置下跌枝的基础，因为下跌枝属于"动态"枝，与"动态"干相配才能协调。下跌枝在其中的作用有：增强动感，活泼树形，平衡构图。下跌枝的视觉重量较大，所以应由主干出枝，副干则不负重，出枝部位一般选在主干中上部的外侧。

【实例分析】

一、作品《清雅挺秀》赏析（图4-44）

a)　　　　　　　　　　b)

图4-44　清雅挺秀
a）材料：落羽杉　作者：陆志伟　b）材料：九里香　作者：素仁

　　陆志伟出身于岭南盆景世家，是陆学明的儿子，是岭南盆景界的后起之秀。他这盆题为《清雅挺秀》的落羽杉盆景（图4-44a），是其得意之作。这是一头双干的高耸树型，根露如鹰爪入地，刚劲有力，树身巍然挺立，欲上九霄；枝托疏密有致，层次分明，叶细青翠，小巧玲珑，大有直插云霄，戳破青天之势，颇有素仁的艺术特色。

　　在选材方面，他很像素仁喜欢高挺树形一样，采用了又高又直的落羽杉为树材，而且比素仁的选材更为大胆奔放。在造型方面，他与素仁的构思也非常相近，因材取势，因树利导，塑造出母子相依的工笔画树，两株挺拔的树干，配衬着几托疏枝翠叶，布局明快简练，与素仁的艺术构思可谓一脉相通。在意境方面，素仁的盆景往往突出其清高脱俗的神韵，耐人寻味，而陆志伟的落羽杉盆景，却给人以清新高雅的感受，令人神往。两者既讲究树形美，又特别强调意境要"清"，共同达到形神兼备的艺术境界。

　　如果将陆志伟的落羽杉盆景与素仁的九里香盆景（图4-44b）做一番比较的话，就不难看出，素仁的九里香盆景有如清初画家八大山人式上的"画意树"，技法简洁，格调清高飘逸，反映出制作者超尘脱俗、孤高清逸的性格。而陆志伟的落羽杉盆景则属于工笔画树，功夫细腻，具有清新、高雅、挺秀的风骨，表露出作者壮志凌云，奋发向上的豪情。两者之间可谓有异曲同工之妙。

二、作品《子在川上》赏析（图4-45）

山石陡峭空悬，五针松一大一小相依而生，根盘裸露，高耸于山顶苍翠盎然的枝叶显出五针松特有的静穆感，仿佛时间在这一刻凝固了。而正是这样才更感觉岁月在这种看似静态中匆匆地不知不觉地流逝，让人感叹人生的短暂。

图4-45　子在川上

✎ 习　题

1. 简答题

1）什么是双干型盆景？

2）双干型盆景在树桩选择时有什么要求？为什么？

3）简述双干型盆景布局要求。

2. 拓展题

对图4-46两种双干型盆景风格进行分析，分别属于哪一种类型？有何特点？

图4-46　双干型盆景

任务8　一头多干型盆景制作

一、一头多干型盆景的造型要点

一头多干型盆景是桩景中的丛林型盆景的一个类型，桩景中的丛林型盆景可分为合植体型和一头多干型。合植体型的最大优点是可以灵活组合，干数随意，缺点是干身根头不能紧凑，欠缺苍古自然美。一头多干型正好与之相反，只能因材造型，其最大优点是干身苍古自然、头根紧凑，有大自然鬼斧神工的韵味。常见的植物有榆树、朴树、对节白蜡、小叶女贞、紫薇、榕树等。

一头多干型盆景造型要点：

（一）材料准备

制作一头多干型盆景的树种以杂木类居多，杂木类植物一般萌发力强，耐砍伐，较多生长在山野丘陵。所以一头多干型盆景多选用野生桩，且要选择野生桩中有较好的根盘的，要求根盘能高高隆起，像小山丘，或像连绵不断的小山包，并且有粗壮的根向四方伸延。桩头要前后各种角度都具备审美特色，必须经过仔细思考、反复观察，截干时一般认为奇数干较好，3、5、7、9不等，以求变化灵活。但这也不是绝对的，干与干之间只要关系合理，主次分明，有主有宾，仰、卧、斜、倚得体，合画理，偶数干的好作品同样不少。

（二）布局造型

在造型上，由于干多，每干的生长空间有限，在截桩时要首先确定众多干中最粗大最高的起全桩统领作用的主干，然后再进行分组处理。各组干中又要确定一主干，各副干要尽量选取向外围空间扩张的，以求各干间有足够的采光空间。

在枝法的运用上，外围干的枝托可运用飘枝、摊手枝、跌枝，求取动感、特色、变化。主干下部可适当少留枝托成为高脚桩，上部的枝托要紧凑团结，造型的重点应放在结顶上。各副干的干势、枝托的流向都要围绕主干为中心做到基本统一。各干的结顶要有呼应，有争让，整体效果要茂密。丛林造型要密而不乱，疏不脱节。布局时枝干排列最忌一条直线，整齐列队，像行道树，机械呆板；枝干排列不可等距离，像音符长短雷同没有变化，缺少节奏感；枝干不可以等高等粗，否则就是主客不分，高低不分。

（三）栽植树木

栽植时将所要的骨干枝留好，其余不要的枝杈全部锯截，切口再用球节剪或雕刀挖除干净。某些枝条、树头局部臃肿，线条不流畅，影响树形美的要挖除。挖口、伤口要上伤口胶，减少水分挥发，以利伤疤愈合。根部要作处理，腐根、断根、伤根全部切除，桩头四边伸长的粗根也不可留得太长，一寸半左右即可。桩头底部的直根统一锯平，多多保留须根。

（四）铺苔布石

盆景制作完成后，为了丰富意境，突出主题，可以适当安放配件，常见如舟楫亭塔、人物等，以增加生活气息。

（五）修饰整理

盆景制作完成后，最后从多方位观察树木选景，对枝条不完美的，可做最后的轻微调整和修剪，以达到最佳效果。

二、一头多干型盆景常见形式

一头多干型盆景根据枝干的多少分为一头三干式、一头五干式、一头七干式、一头九干式等，也有一头四干式（图4-47~图4-52）。

图4-47 一头三干式
（材料：雀梅 作者：庞渭光）

图4-48 一头四干式
（材料：万寿藤 作者：陈新）

图4-49 一头五干式
（材料：红杨 作者：罗泽榕）

图4-50 一头七干式
（材料：榕树 作者：文植长）

图4-51　一头九干式
（材料：小叶榕　作者：张镇生）

图4-52　一头九干以上造式
（材料：红杨　作者：罗泽榕）

【实例分析】

一、雀梅盆景一头多干型造型实例分析（图4-53）

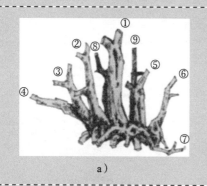

a）

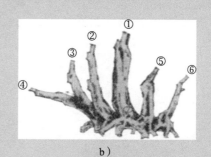

b）

c）

图4-53　雀梅盆景

　　图4-53a是一株雀梅桩，一头九干，丛径22cm，根平浅，四向爪立。九干其中有三干有独立的根系。主干①居中、干尾偏后，干径5cm，高40cm，在桩中起统领各干的作用。最右边小干⑥微离主干、靠边，有独立根系。最左边横干④在桩中横空而出，打破了全桩各干的直立高耸感，动感强烈，起全桩左流势的主导作用。①干最高最粗大独立成组。

②、③、④三干干势左倾同属于第一组，以④干为重心。⑤、⑥干干势右倾向属于第二组，以⑥干为重心。

图4-53b为截干后的选干效果。因图4-53a中⑧、⑨干在主干①周围，影响主干的高耸独立，考虑主干的采光空间故截弃。⑦干在主干外围与全桩脱节故截弃。全桩各截面在2~2.5cm，没有伴嫁托。截干后主干高耸突出，各干分组明显，干势统一。

图4-53c为造型设计效果。此桩最大优点在于主干①居中；⑥干自成树相，且根系独立，干形完美；左边横干④动感强烈。以上三干为主桩的干身精华所在。留枝定托时，右边⑥干用飘枝法使树势向右继续扩展，结顶先右后左以同主干呼应。左边横干④继续向主扩张，加强干势飘动感，结顶回头与主干呼应。②、③属于第一组，选留左枝、前枝、后枝，以免被主干枝遮阴，结顶向主。其中②干又起到横干④和主干①的树势过渡作用。⑤干属于第二组，留前枝、后枝、右枝，并以右枝为主，起到把右边小干⑥拉回主干①附近的作用，统一在①干周围。主干①干身下部不留枝托，使少出现阴枝。主干树姿的重点放在结顶上，结顶比较中、正，起托偏高，有充足的生长空间。全桩用不等边三角构图，成左流势，成形后树相外围茂密，内膛疏空，力求空、灵、活、松、透，取密林边缘之势。

二、一头多干型盆景欣赏（图4-54~图4-57）

图4-54 朝阳里（材料：九里香 作者：孔泰初）

图4-55 三妹竞秀（材料：红果 作者：陆学明）

图4-56 峥嵘岁月（材料：相思 作者：邓强）

图4-57 峰峦绿野（材料：榆树 作者：罗泽榕）

习　题

1. 简答题

1）什么是一头多干型盆景？

2）一头多干型盆景材料选择有什么要求？为什么？

3）简述一头多干型盆景布局要求。

2. 拓展题

请从前文的一头多干型盆景作品中任选一件作品进行评价。

任务9　连根林型盆景制作

知识目标

● 掌握连根林型盆景的特点。

能力目标

● 根据植物材料的特点制作连根林型盆景。

工作任务

● 制作一盆连根林型盆景。

一、连根林型盆景的造型要点

连根林型盆景造型比较特殊，桩胚十分难得，一般多为中小型。连根林型盆景不同于一般的一头多干型盆景，一头多干型是以主干为主，前、后、左、右集合在一起的造型。连根林型盆景却是多干长在同一卧干上，以主干为主，左、右直线或弧线的集合体，干的分布间隔较大，一般每干都有各自独立的根系，即各自独立成树，也有姿态各异，相映成趣地生长在一起。

连根林型盆景造型要点：

（一）材料准备

连根林型桩可用萌芽力强、耐修剪的树种如榆、福建茶、榕树等扦插繁殖，只要把扦插干横卧在泥面上，让其发芽、生根培育即成。野生桩多见于杂木类的雀梅、福建茶、榆、黄杨、栀子等，有时遇到的连根丛生胚只有2~3干，也可以利用新萌枝培育为林。

连根林型树桩要耸立于盆面之上卧干的连根段才能一览无遗，充分展现树桩的个性美；连根林型盆景配盆宜浅且长，盆面要宽，要左、右开展才能产生深远、无边的意境。

（二）布局造型

在造型上连根林型盆景追求的是帆船般的迎风搏击、破浪前进的意境。每一干都似船上的帆樯或旌旗，各干造型单独成趣却又整体统一，既能局部单枝欣赏，又不破坏整体的造型效果。枝型宜用鹿角枝、飘枝等。

连根林型盆景造型与丛林十分相似，作为主干要粗大、高耸，丛干要比主干矮、细，直、斜、倚、侧要得体，相互间穿插要合理，特别要着重风帆、旌旗般的气势。连根林型由于各干呈直线或弧线分布，各干间的采光空间较好，少有互相遮阴的现象，单枝造型灵活，可以随作者的创作意图取得好的艺术效果。

（三）栽植树木

栽植时几株树木应有主有次，主次分明，相互之间的距离也应有疏有密；若主次不分，间距相差不多，这样的造型意境较差。一般来讲，为主的树木宜密，起陪衬作用的树木宜疏。培育过程，要逐渐把根提出土面，才能显示出连根的雅趣。但连根距土面不可太高，根据树木大小不同，提出土面的高度以 2~4cm 为宜。

（四）修饰整理

连根林型盆景的枝叶造型是多种多样的，既可呈自然式，也可加工成云朵式，还可加工成迎风云朵式。

二、连根林型盆景常见形式

连根林型盆景通常有：主干居边连根林：该造型往往气势神韵较统一，队列整齐，有较强的装饰味；主干居中连根林：该造型较为繁杂，但常分组处理，化繁为简；边根林：该造型分组不明显，干势基本直立，干与干之间、组与组之间各不相同，互为相承相破，暗合画理之趣。

连根林型盆景，造型多样，变化灵活，重在连根部位的精华体现（图4-58~图4-63）。

图4-58 本是同根生
（材料：九里香 作者：刘炽尧）

图4-59 春色
（材料：福建茶 作者：陈启堂）

图4-60　山林春色
（材料：相思　作者：谭辉明）

图4-61　龙腾凤翔逸马林
（材料：小石积　作者：吴成发）

图4-62　连理
（材料：福建茶　作者：陈伟治）

图4-63　同舟共济
（材料：紫檀　作者：张启才）

【实例欣赏】

连根林型盆景欣赏（图4-64～图4-66）

根的品赏是盆景艺术的重要组成部分，以上三件连根林型盆景作品，造型比较特殊，桩胚十分难得，且姿态各异，相映成趣。

图4-64是连根丛林，造型多样，变化灵活，连根部位是其精华所在；图4-65以榕树发达的根系和顽强的生命力，借助连根林造型表现了山水盆景的气势神韵；图4-66是边根林，分组不明显，暗合画理之趣。三件作品，都根根相连，树树同根，具有"异枝还合结连理，错节盘根分外奇"的诗情画意。

图4-64 相逢

（材料：福建茶 作者：陆学明）

图4-65 只缘身在此山中

（材料：榕树 作者：徐闻）

图4-66 梅林七贤（材料：雀梅 作者：彭盛材）

✗ 习 题

1. 简答题

1）什么是连根林型盆景？

2）连根林型盆景材料选择有什么要求？为什么？

3）简述连根林型盆景布局要求。

2. 拓展题

请从前文的连根林型盆景作品中任选一件作品进行评价。

任务 10　观根型盆景制作

知识目标
- 掌握观根型盆景的特点。

能力目标
- 根据树桩特点制作观根型盆景。

工作任务
- 制作一盆观根型盆景。

一、观根型盆景的造型要点

观根型盆景也叫露根式、赏根式或以根代干式盆景，是一类以观赏树桩根部为主的与常规树桩不同的一类盆景。福建泉州人参榕盆景、独木成林盆景也可以归入此类型盆景。

观根型盆景造型要点：

（一）选择观根树胚

观根型盆景造型的关键是选择根形符合制作意图的树根。生长在荒山野岭的各种树木受地理环境的影响、形状各异，姿态不一，因而对根桩的根形、枝要全面鉴别，只有选择形态好的根和枝，才能创作出构图精巧、寓意深刻、古雅如画、趣味无穷的艺术盆景。岭南盆景艺术大师李伟钊先生在其编著的《树根雀梅盆景裁剪集》一书中，提出理想的雀梅根树桩素材应具备以下重要条件：

（1）"鲜胚"　即树桩要新鲜。

（2）"张根"　树根是决定盆景稳定感的重要因素。露出土面的粗根称为张根或露根，它是以树桩为中心，向四面或八面生长的，并有细根密布。根的直径以 1cm 左右为宜，太小缺乏自然美，太大既不雅观也不易生长。树根的走向应为向心辐射，呈风车形，向各自的方向自然伸展，互不交搭在一起。

（3）"根势美"　这是指根桩长出的各部分基本形态较完美，包括根桩的树根、根桩顶部长出的枝条和枝丫等轮廓。根桩要尽量弯曲多变，而根桩与枝要协调，重心稳定，以充分表现苍古、返璞归真和富于诗情画意的特点。

（4）"根桩形象多变"　根桩的高矮、大小（粗幼）、斜正、曲直等各种形态都出于天然，要选苍老、有棱节、嶙峋、粗糙、无伤痕而又回旋曲弯、奇特多变的。

（5）"根桩顶端枝丫多"　必须挑选顶端分枝多、排列顺序又较好的，这会给以后的裁剪造型留下较多的选择余地，既省时间，盆景成形又快。以上理想根桩素材，可以作为其他树桩选择的参考。

（二）修改根胚

选定根胚后，修改树根桩头是栽培盆景最基本的一步。要截去哪节树干，剪掉哪些枝丫，栽去哪些根系，留下哪段枝干、枝丫和树根，都必须认真考虑，这是盆树将来优良与否的先决条件，通常都要根据根桩的实际情况，制作修改根胚的计划。在修改树根时，根据每株树根各自的特点、造型需要，尽可能发现根存在的缺陷，并及早地全部加以修整，矫正树形、树姿。为了尽量发挥树根原来的自然美态，符合创作的要求，使作品达到比较高的艺术水平，必须慎重处置，全面审视，确认无误后再实施改胚手术，尽可能避免不必要的失误。

（三）栽培与造型

根据修改后的根胚进行栽培管理，待成活长出新的枝叶后，结合修改方案和树桩盆景造型枝法进行造型。其内容包括剪枝、摘芽、切根、速顶（调枝）、矫正树干等。造型需按制订的计划进行，再配合盆树的生长状态和根桩盆景的特色加以整理，运用缩龙成寸的艺术手法，通过修剪、整形加工和精心培育，使其姿态苍老，在咫尺盆中再现大自然中大树的形象。观根型盆景最重要的是根和枝的形状，在盆树发育时，必须掌握细枝弯曲、走向。整形时及时除去不雅、多余的枝干，对大小适度的枝干和长枝适时修剪，确保树下部的树枝生长粗壮，接近树顶的枝条部分变细，呈现自然树的美姿。

（四）配盆与枝法

为表现观根树桩下部根露高耸，一般宜配浅盆，对根部较长的植株，为了重心稳定，根据实际情况配中等深度的圆形盆或斗盆。作为代干的根，一般没有萌芽的可能（少数树种如榆树因有潜伏芽，条件合适时会萌芽），造型时枝法多配以跌枝、半飘半跌枝等，补下部的高耸空虚，上部最好有这类枝的基托。

二、观根型盆景类型

观根型盆景是有生命的艺术作品，由于各组树根不同，而显示树形各异，形态多样，因此栽培出来的树根盆景造型，是千变万化的，没有固定的形状和格式。但是，艺术都有最基本的形态和美的理想，而树根自然形成的奇态，也各有其美姿。因此，我们依照树根的自然生长规律去捕捉根突出的艺术形象的特征，加以整理，然后理想化，使形态各异的树根美集中起来，形成观根型盆景特有的造型，其造型与树桩盆景基本树形相同。下面列了一些观根盆景类型供参考（图 4-67~ 图 4-72）。

图4-67　碧叶凌空
（材料：雀梅　作者：李伟钊）

图4-68　沉醉东风
（材料：榆树　作者：罗泽榕）

图4-69 盼春风
（材料：榕树 作者：罗泽榕）

图4-70 风飘绿蒂一枝长
（材料：雀梅 作者：李伟钊）

图4-71 双龙戏水
（材料：博兰 作者：林文）

图4-72 舞
（材料：雀梅藤 作者：程煜涵）

【相关链接】

　　榕树独木成林型盆景的造型（图4-73）。

　　自然界的榕树，躯干粗壮，树冠舒展，枝繁叶茂，气生根发达。下垂气根入土生根，复成一干，形似支柱，成为榕树翌代的树体，继而又由第二代树体上的气根繁衍第三代的树体，这许多干体既分开又连在一起，形成一个"大家族"，有如众多树干支撑着硕大的树冠，经数十年至百年发展，树冠遮天蔽日，复地十多亩，成了绿荫大世界。"榕荫遮半天"独木成林的自然景观在南方是非常普遍的，把这一景观用于榕树盆景制作，可以说是榕树盆景比较独特的造型。

造型要点：造型手法的重点是培育独特气生根，选生长旺盛的榕树桩做母本，利用培养气生根的办法刻意培养气生根，因势利导，使气生根垂直入土，留5~10条粗壮气生根，其余的剪去，或攀附这些主根生长，通过3~5年的培育，这些气生根粗壮如干，树冠修剪，注意层次，则成为微缩的独木成林榕树盆景（图4-73）。培育榕树气生根方法：

图4-73　独木成林（材料：榕树　刘天荣）

1）梅雨期，用铁丝绕枝干一匝并绞紧，使树液中的养分在此积累，自能生出气根，催根成功后，要注意及时松开铁线，以免影响生长。

2）用小铁锥刺破树皮，涂以三十烷醇、萘乙酸、吲哚乙酸等植物催根剂，也能很快长出气根。注意新根须避烈日曝晒。

3）盆土不浇水，保持相对干燥，树下置一碗水，用塑料薄膜包住，造成局部空气湿度高，这样被包在里面的榕树枝干容易长出气生根。

制作该类型盆景，忌以根代干的气生根杂乱无章，其布局应有疏有密，树叶要有层次感，这样表现出来的景观才有韵味。配盆以宽口径浅盆为佳，这样可以表现独木成林、林深景幽的景观。

【实例分析】

一、作品《野旷天低》赏析（图4-74）

根是树木赖以生存的部位之一。一般树木的根都扎入泥土之中，裸露下土上的很少。何华国先生作品《野旷天低》以小叶榕独有的薯根（块根）取代榕树主干，造型依榕树薯根走势，用飘枝取不等边三角形构图，填补下部空虚，气势险峻，风貌各异，营造野旷天低的效果，是一件观根赏叶的盆景佳作。

二、作品《野鹤仙姿》赏析（图4-75）

山松生态较为独特，在盆景艺术造型上有一定的局限性。例如：发芽率低，有松鳞的枝托不发芽，移植求生难等。由于发芽率低，所以天然树种中很少有双干、多干、林型等桩材。没有松针的低位截干，就因不发芽而枯萎，全树失去再生能力。彭盛才先生制作的《野鹤仙姿》很有新意，利用两条近似垂直的根，以根代干，造就成"双干"，恰好弥补了松树桩的不足。松根裸露在空中，能与树干一样保持有松鳞，而且生命力很强，经久不枯。其既是提根造型，又是"双干"造型，而且还是高位"双干"连理树（树顶联结在一起）。三者兼备，相得益彰，是难得的桩材。"双干"结构紧密，比例恰当，高雅清秀，枝爪苍劲古朴，有力度，有节奏感，松味十足。

图4-74　野旷天低
（材料：榕树　作者：何华国）

图4-75　野鹤仙姿
（材料：山松　作者：彭盛才）

 习　题

1. 简答题

1）观根型盆景有什么特点？

2）简述观根型盆景枝法特点。

3）简述培育榕树气生根的方法。

2. 拓展题

教师提供一件观根型盆景作品，学生进行评价。

 任务11　风吹型盆景制作

知识目标
- 掌握风吹型盆景的特点。

能力目标
- 根据植物材料的特点制作风吹型盆景。

工作任务
- 制作一盆风吹型盆景。

一、风吹型盆景的造型要点

在自然界中常见到一些树木的枝叶被狂风吹向一侧，主干岿然不动，风吹型盆景就是模仿这一特殊形态的造型。在众多盆景艺术造型中，风吹式造型是唯一一种用来表现风的力量、速度以及与之抗衡的形式，表现山野树木搏击狂风在咫尺盆钵中的艺术再现，是桩景艺术静中求动的一种静态动势造型。

风吹型盆景造型要点：

（一）材料准备

适用于制作风吹型盆景的树种有六月雪、五针松、白蜡、朴树、榔榆等。具体树种选择以制作风吹型榔榆盆景为例，可用山野挖掘的主干高耸的树桩，也可用播种培育的树苗，根据干、枝的自然条件，因材处理，即确定观赏面（正面），留足造型枝，截除多余枝。若制作枝叶向左侧倾伸的逆风式桩景，树干（主干）向右倾斜。根部右侧尽量截短一些，左侧留长一些，增加视觉的稳固感。

风吹型盆景的配盆，可以根据原来的树形进行选择，但宜配以稳重一点的景盆，才稳得住够气魄的景树。为了提高成活率，可选用透气性强的泥盆。

（二）布局造型

风吹型盆景表现了自然和谐，无声胜有声，艺术性强等特点。制作者要做到严格选材，精心构图，才能制作出佳品。风吹型盆景是国画中常见的题材，非常富有动感。但是在盆景栽培中，风吹型盆景要注意树形的重心问题，头根要稳重，要大有"咬定青山（景盆）不放松"的感觉，才能产生"风雨不动安如山"的意境。风吹型盆景的枝法，每一条枝的第一、二枝先可顺着树势作虬曲，以后就顺风势弯地倒向一边。枝梢用自然枝，然而要直中见曲，一节一节地缩小，才有顶逆的意境，这就是风吹枝的形状。"风势"表现得越大，境界就越高，枝条飘荡得越有气度，动感就越浓。

（三）栽植树木

上盆栽植时很多树种的表皮易破坏，会大量流汁，尤其是根部浸水后更为严重，所以忌雨天上盆栽植。修剪后树胚根的截面用木炭粉涂抹，如伤口继续流汁可置放阴凉处晾 1~2 天后上盆栽植。

（四）修饰整理

要保证作品的最佳形态，除了正常的造型外，就要经常进行加工整理，如用金属丝进行松绑，再重新绑扎、修剪、清枝、调整枝条生长方向等。

二、风吹型盆景常见形式

风吹型盆景依据其在自然界取材角度的不同和风吹条件的差异，可分为逆风式和顺风式两种艺术造型。

风吹式造型的特点就是表现自然界中一些生长在风口地带长期为定向风吹袭的树木，干、枝顺应风势，形成的一种固有的态势。风吹式造型中，枝在风力的作用下虽然会顺风生长，但也会本能地出现抗衡的反作用。特别在一些风势较为平缓的地方，逆枝情况较为明显。要表现风的强劲，顶风的部位就多出现逆枝偏冠、偏根，风吹式造型的主干多呈曲势，以表现风向与风力。顺风式造型：树干顺风生长，干、枝顺向一边，与风向一致（图4-76）。逆风式造型：树干逆风而直，枝叶逆转顺风而上表现为枝托给风扭向一边，而树干却顶风抗击，充满对抗之意（图4-77）。

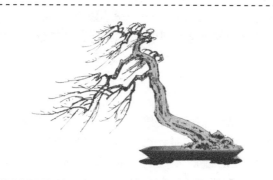

图4-76　顺风式造型

图4-77　逆风式造型

【相关链接】

　　双干风动式盆景：双干风动式盆景是一本双干或两树组合，从风向判断，以定前后，主树高大置后，从树矮小置前；主树躬身庇护，从树后仰前伸，两树共舞，接受风的洗礼。

　　造型要点：双干风动式较之单干更讲求同一，两干互动，枝条同步共趋，极具动感；从树主干纤细，其风动弯曲度及其动感较之主树更强烈；主树左前侧枝托欲先左，左倾右行，对主干起到遮挡作用，以增加树的立体层次感。配盆：根据树态，宜配浅长方盆或浅椭圆盆，树置于盆的左侧。

　　注意事项：小树上端不宜直接右倾。否则两树距离拉得太开，失去亲近感，将削弱盆景的整体艺术效果

【实例分析】

　　一、作品《傲骨欺风》赏析（图4-78）

　　这是一个双干逆风式的雀梅盆景，雀梅树双干逆风而直，枝叶逆转顺风而上表现为枝托被风扭向一边，而树干却顶风抗击，充满对抗之意，作品题名《傲骨欺风》，表达了做人要有浩气才能有傲骨，要公正廉洁，才能堂堂正正做人，只有傲骨才能欺风。

　　二、作品《山雨欲来》赏析（图4-79）

　　小石积叶片细小，枝条细长，是做江南春色创意盆景的最佳素材。龟纹石将树托至高址，树枝在垂枝式造型中被赋予强烈动感，让人仿佛听到风在呼啸，感觉山雨欲来。

图4-78 傲骨欺风（材料：雀梅）

图4-79 山雨欲来（材料：小石积 龟纹石）

习 题

1. 简答题

1）什么是风吹型盆景？

2）风吹型盆景材料选择有什么要求？为什么？

3）简述风吹型盆景布局要求。

2. 拓展题

教师提供一件风吹型盆景作品，学生进行评价。

 ## 任务12 附石型盆景制作

知识目标
- 掌握附石型盆景的特点。

能力目标
- 根据植物材料和山石的特点制作附石型盆景。

工作任务
- 制作一盆附石型盆景。

一、附石型盆景的造型要点

附石型盆景以树为主，石为宾，树附石而生，石有势，树有姿，树石交融，浑然一体。这种盆景的主题往往在于山巅奇树、危崖孤松等特写画石的艺术再现，主要着意于树因石苍、石因树雄、树石结合的整体美。

附石型盆景造型要点：

（一）材料准备

1. 选树

这种盆景的选树以姿态苍老、叶小枝短的常绿植物为主。其本性适合石上生长，以须根多、耐干旱、耐修剪、易整形的为宜。常用的有松柏类、黄杨、六月雪、榆树、榕树等。如制作榕树附石型盆景的材料，一般选用盆栽培育的扦插苗，小叶榕播种小苗或已成形的人参榕。而以播种繁殖的小叶榕和人参榕为佳，因为其主根比较长，攀附容易且形状奇特，观赏价值高。

2. 选石

制作附石型盆景的山石，要求形状奇特，独立成形，有孔洞，坑槽深，缝隙多，这样能使人欣赏到山石的奇峰妙境，如英石、太湖石、钟乳石、砂积石、海母石等。对于局部有缺陷的，可以借助山水盆景的手法进行修补。

3. 配盆

宜用浅盆，形状视作品而定，一般采用长方形或椭圆形盆。宽阔的浅盆给人以空旷感觉，能以其宁静安谧的配景来烘托屹立的树木附石的雄伟景观，使作品动静结合，突出树石合一、和谐优美的韵味。

（二）布局造型

将培育的树桩脱盆去泥，把根部泥土冲洗干净，并剪去病根、残根以及一些不必要的须根，只留几条粗壮有力的长根，并对树桩的枝条进行粗剪，这样有利于布局造型。

附石型盆景是由树石的有机完整结合，是树石互为对立而统一的整体，布局力求有露有藏，虚实相宜，比例协调，刚柔相济。具体来说，山石为静、为刚，植物为动、为柔，根随石走，若隐若现，枝按势长，错落有致。因此，布局时必须对树与石仔细琢磨，多方面、多角度进行推敲、设想，以及预测对今后树枝走势的培育和控制。有条件的可绘图造型，进行比较，定出最佳画面。对于部分根系发达、生长快的树种，如小叶榕，由于生命力强，根系附生于石头上面，受阳光照射，生长快，容易使榕树与石头比例失调，因此，榕树宁小勿大，方能突出山石的奇险。枝型多用鸡爪枝、飘逸枝、斜跌枝或自然枝。

（三）栽植定形

将树桩的主根，嵌入山石缝隙或穿过孔洞，顺势向下拉紧，过长的根可以在山石上多绕一圈，然后用稀泥浆盖在根系上面，用绳子或布条捆扎紧，置于花盆内理好固定。固定方法一般采用铁线或铜线通过花盆底部盆孔固定，也可以借助水泥固定。但要注意不要让底部水泥粘到树根，以免影响树根生长，然后填泥。不论怎样栽植，必须把山石和树根大部分埋入泥土中培养，这一过程主要是让根有充分空间生长发育，使根和山石自然结合。培养时间视作品规格而定，小型的一般1~2年，大型的一般3~5年，定形时按原先构思布局要求对枝条进行蟠扎修剪，摘叶摘芽。盆面铺苔，既作为点缀，又可以防止浇水时将土冲掉。

（四）修饰整理

盆面铺苔，既作为点缀，又可以防止浇水时将土冲掉。根据需要，配置与盆景内容一致，比例适当的配件如人物、房子、牧童等，可以突出主题，增添情趣，使画面充满生活气息和诗情画意。作品完成后保持盆土湿润，注意通风和光照，具体依据不同的树和山石质地进行管理。

二、附石型盆景常见形式

附石型盆景的造型形式多种多样，可依作者的爱好、个性而定。

（一）悬崖式附石

附石悬崖桩径一般 2~3cm 即可，附在 70~80cm 高的石上，其气势、景观是非常强烈感人的。其造型的要点是"险"与"动"。悬崖式附石可分大悬崖式、半悬崖式、横飘式、俯枝式等，要根据选用石料的姿态及树桩的形状，根头的起立状况而定，变化万千（图4-80、图4-81）。

图4-80　绝处逢生
（材料：英石、相思　作者：黄基棉）

图4-81　无限风光在险峰
（材料：英石、相思　作者：黄基棉）

（二）石上树形

此形式石料要求可多样，有云头式取其险。有中流砥柱式取其稳如泰山，石料要求下部稍大，给人一种稳固感。造型的重点在于树与根的表现艺术，多用飘枝以求树势开展，结顶要求雄、厚，要在稳重的基础上求变化，不板、不结（图4-82）。

（三）卷石式

此造型树根斜缠石上，有如巨蟒搏食。石料的要求比较圆瘦，可直可斜，要注重树根的翻卷畅美。创作的要点是把石料看作是大树的"树干"，附在石上的小树是这"大树干"上的树顶和侧枝。在枝法上可用跌枝法、垂枝法以取势，加强树石的对立统一（图4-83）。

（四）抱石式

此造型重点是要表现如屈铁、折钗般的树根鹰爪般地爪附在石上。石料要求不需高大，而能让树根紧紧擒抱即可。相反，树的姿态、形状却很重要，要有苍古、嶙峋、怪趣、天成的韵味，要以树为主体。桩景中的曲干式、斜干式、大树型，都可用在这一形式上。创作的要点是根要抓牢山石（图4-84、图4-85）。

图4-82　石上树形附石型盆景
（材料：英石、榆树　作者：蔡汉忠）

图4-83　卷石式附石型盆景
（材料：太湖石、小叶榕　作者：罗泽榕）

图4-84　抱石式附石型盆景
（材料：英石、榆树　作者：罗泽榕）

图4-85　抱石式附石型盆景
（材料：英石、小叶榕　作者：郑日鸿）

（五）相依式

此造型表现的是一种难分难舍、树石相依相偎的意境。石料要求可雄可秀，要使树身有一个坚固可靠的依赖。造型要点要以整体效果为主，要做到雄、秀、清、奇（图4-86）。

（六）石笋式

此造型用石尖、高、圆、瘦。重点是创作时把石看作是白骨化的舍利干。将树缠附在石的基部，让树顶、要枝在石的半部飘出，让石尖高耸，直指云天。此造型最适合做成小品，风韵独特（图4-87）。

图4-86 相依式附石型盆景
（材料：英石、篁杜鹃 作者：黄基棉）

图4-87 石笋式附石型盆景
（材料：砂积石、榆树 作者：伍宜孙）

（七）丛林式

此造型石料最好用芦管石。依石形状截锯出几个高低参差的平台或立面，在中空的部分填入培养土，依作者创作意图种上大小高矮不同，形态各异的同一树种或不同树种。分清主次，可用分组的办法进行处理，要讲究树干的疏、密、聚、散、密，树干与树根要尽量紧迫。散，外缘的独立干要起点睛、独立观赏的效果。聚，枝托、结顶要成簇，做到密不透风。疏，要枝、精华枝干外围要有空间，要虚，要与密相互补，才能产生疏可跑马的境界。创作的要点是林，在整体基础上求变化（图4-88）。

图4-88 丛林式附石型盆景（材料：英石、雀梅 作者：谢荣耀）

【实例分析】

一、作品《松石遐龄》赏析（图4-89）

此锦松盆景树高120cm，树龄200余年，枝干嶙峋多节，看似老态龙钟，但依旧蓊郁苍劲，充满活力。树干旁配置多皱富变的英石一块，既起到支撑作用，又能使景观浑然一体。盆系明制大红袍紫砂盆，属于珍贵文物。古盆佳景，相得益彰。此盆景原为苏州金城银行主所有，20世纪50年代初赠予苏州公园，现存万景山庄。

二、作品《叶送往来风》赏析（图4-90）

榕树以叶片葱郁、根系发达见长，是制作附石型盆景的极好树材。作品选用青石与之相配，色泽协调。经多年定向培养，崖上枝叶葱茏，于山腰处探出，潇洒自在地迎送着往来清风。语出自薛涛"枝迎南北鸟，叶送往来风"，故名之。

图4-89 松石遐龄（材料：锦松）

图4-90 叶送往来风
（材料：榕树、青石 作者：林鸿鑫）

习 题

1. 简答题

1）附石型盆景对树桩植物有什么要求？

2）附石型盆景对山石有什么要求？

3）附石型盆景常见形式有几种？

2. 拓展题

按照附石型盆景制作流程图（图4-91），制作一件附石型盆景。

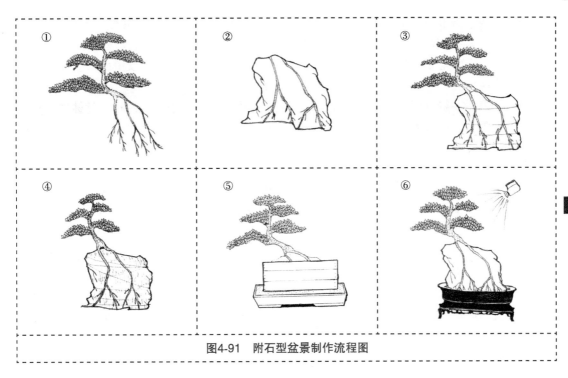

图4-91 附石型盆景制作流程图

 任务 13 丛林型盆景制作

知识目标
● 掌握丛林型盆景的特点。

能力目标
● 根据植物材料的特点制作丛林型盆景。

工作任务
● 制作一盆丛林型盆景。

一、丛林型盆景的造型要点

丛林型盆景，也称为拼林型，是多株形态各异树木组合而成的统一而富于变化，表现山野丛林优美景色的一类盆景。常见树种有满天星、雀梅、松柏类植物、罗汉松、金钱松、福建茶、榆树、小叶榕、佛肚竹等。

丛林型盆景的造型要点：

（一）材料准备

1.选择盆钵

丛林型盆景要显示出丛林野趣，旷野风光，表现的景观较宽阔，宜选用口面较大的盆钵。

形状以长方形、腰圆形、椭圆形为宜，盆钵宜浅不宜深。盆钵的质地和颜色应与所用树种、石料相协调。器皿底部是否有盆孔，应根据盆钵深浅而定，选用山水盆为该类型盆景器皿，一般不需要打孔。常用的盆有石盆、釉陶盆和紫砂盆等，以宽口径的白汉玉山水盆为佳。

2. 准备树木

丛林型盆景一般是因意选材。因此，为了提高创作质量，必须重视选材。丛林型盆景中的树木，不是为了各自表现自己，而是组合在一起，形成一个可供欣赏的艺术整体，因此选树时，不在于每株树的树形十全十美，而在于姿态自然、格调统一，不能拿盆栽单体树桩的标准来衡量盆景创作用材的取舍。为了做好选材工作，必须积极创造条件，准备大量的素材，需经长期培养，培养树木至少要在花盆中有一个生长季节，方能符合要求。培养措施包括：浅根盘的培养，主枝平垂的培养，分枝由繁到简的培养，精炼层次的培养，多角度、多方位的培养等。从大量的树木中备材，力求树干要苍古，嫩滑兼备，树要高矮，重轻齐全，树冠统一，以求乱中求整。切忌选择的树形大小一样。至于是否同一树种，则依主题而定。初学者，一般以同一树种为好，便于创作，而不必考虑树种之间生长习性不同而增加搭配和养护的难度。选材后，对树木进行脱盆剔土，修整根系，如遇妨碍栽种的树根，应适当剪除。不宜剪除而又妨碍栽种的根，可用棕丝或金属丝作弯曲处理，并对枝条进行初步修剪。

3. 其他选材

依主题所需，除细沙土外，还要准备小铁线、小园林石、苔藓、小草、配件、水泥等。

（二）布局造型

树木的布局是制作丛林型盆景的重要环节。丛林型盆景的布局造型，一要合乎形式结构美法则，二要遵循透视法则，但必须按意所需，按意所用。这一过程是将经过剔土处理的若干树木在盆中安排试放，一边观察一边调整各株树的位置。疏密、主从、藏露、争让，皆在释放过程中周密考虑，通过摆布、调整、取舍、剪栽、捆扎、根盘处理，干与干之间的合拢和升降等系列进行艺术加工。景观要有藏有露，主次分明，注意层次，层次越多，景观就越有深度，"景越藏则境界越大，景越露则境界越小"。要注意繁简结合，此外，株树不要等距离排列，如此反复推敲，最后确定理想布局，使整个景观画面清晰自然。充分体现了丛林型盆景诗情画意的艺术特点，表达了人们对丛林风光的挚爱深情。

（三）栽植树木

栽前于盆底撒上一层细土，如盆深有盆孔，可用一小块网布罩住盆孔，再依试种时确定的位置放置树木，使根系舒展，接着覆土填实，固定树木。如浅盆树木不固定，可借助小石头压住。丛林型盆景的土面要处理得起伏自然，富于变化。丛林型树桩盆景常常是数株树木配成一景，而这些树木除了本身的独特造型外，还有相互间的和谐关系，从而形成完整的构图。因此，按照布局造型要求对每株树逐一进行修剪整理，确保树枝之间有揖有让，空间疏密变化自然，画面清晰，生动活泼。

（四）铺苔布石

点缀石头是为了增添丛林野趣，必须注意石头形状大小及点缀位置，要做到树石融为一体，可把其中一些石头部分填入泥土。青苔喻意草地，在盆景上起烘托作用，使树石借此连成一体，一气呵成。布苔的方法是将带土皮取来的青苔，一片一片地贴于刚刚喷湿的土面。

（五）修饰整理

制作完成后，为了丰富意境，突出主题，可以适当安放配件，常见如舟楫、亭塔、人物等，以增加生活气息。最后从多方位观察树木选景，对枝条不完美的，可做最后的轻微调整和修剪，以达到最佳效果。以上工作完毕，最后要做的便是浇水。浇水的方法，一般是用细眼喷壶由上而下，连树带土地喷洒，直到盆土完全浇透了为止。这样做，一则树根与新栽土靠实，有利成活，二则对树木做了清洗。浇水后，将盆景放置在遮阴处细心管理十多天，此后便可进入正常管理。

二、丛林型盆景常见形式

（一）以树木的形态划分的形式

以树木的形态划分的丛林型盆景主要有垂直式、直斜式、蟠曲式、飘斜式（图4-92）。

a）　　　　　　　　　　　　　　　　　b）

c）　　　　　　　　　　　　　　　　　d）

图4-92　丛林型盆景常见形式
a）垂直式　b）直斜式　c）蟠曲式　d）飘斜式

（二）以树的数量分布划分

以树的数量分布划分丛林型盆景，有三株拼植的"3+0"和"2+1"；四株拼植的"3+1"和"4+0"；五株拼植的"3+2"和"4+1"以及多柱树拼植，多柱树拼植以六株拼植为例。简述如下：

1.三株拼植

三株栽植是丛林型盆景的基础。其中主株（或称主干）应选择最高、最粗、最有气势者，这是景观的重心。第二株树为副干，比主干较低而略细。最小最细的为衬干。明代画家龚贤说："三树一丛，则二株宜近，一株宜远，以示别也。"此画理可用于丛林型盆景布局。故三株拼植应呈不等边三角形，其中一大一小的成一组栽植，中等大小（副干）要离远一点（图4-93）。

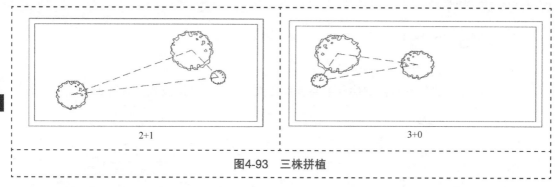

2+1　　　　　　　　　　　　3+0

图4-93　三株拼植

2. 四株拼植

栽植时可分成三比一的两组树木，组成一个不等边三角形或不等边（3+1），不等角的四边形（4+0），忌成四方形、一直线、双双分组、等边三角形或矩形（图4-94）。

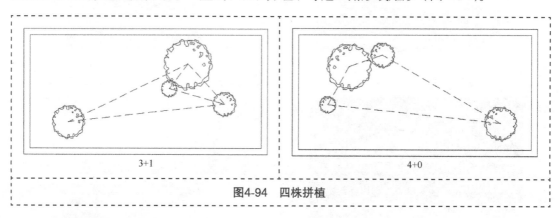

3+1　　　　　　　　　　　　4+0

图4-94　四株拼植

3. 五株拼植

最理想方法是分成三比二两组。主株必须在三株一组中（图4-95）。

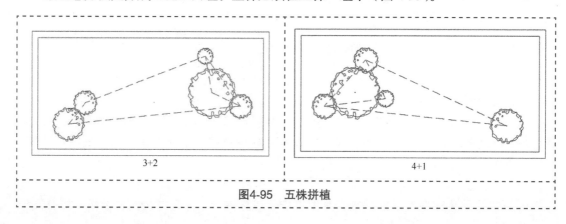

3+2　　　　　　　　　　　　4+1

图4-95　五株拼植

4.多株树拼植

可以先分成不同的几个单元，再按照前面 3~5 株布局要求，自然也就化繁为简了。芥子园画谱中说："五株即熟，则千株万株可以类推，交搭巧妙，在此转关"（图 4-96）。

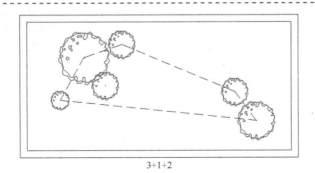

3+1+2

图4-96　多株树拼植

【相关链接】

一、国外丛林型盆景（拼林型盆景）的介绍

国外丛林型盆景一览（王子昱译），如图 4-97 ~ 图 4-102 所示。

图 4-97

图 4-98

产地：澳大利亚

树种：红瓶刷子树

　　该树种为桃金娘科，原产地澳洲，为常绿灌木，树干的分枝比较多，枝条细且呈上扬状态不下垂，为春季开花树种。红瓶刷子树喜高温，耐干燥。

产地：新西兰

树种：红千层

　　广袤的森林和牧场使新西兰成为名副其实的绿色王国，所以当地的盆景资源非常丰富。眼前这件作品，有种清新的乡村风味，感觉安静又祥和。

图 4-99

图 4-100

产地：韩国

树种：松树

　　韩国的盆景创作者往往选用当地的素材制作盆景，像苍松、杜松、铁树、杜鹃等，他们盆景风格带有点日本盆景的味道。

产地：英国

树种：真柏

　　这件作品左右比较对称，有着明显的屋顶风格。它繁而有序，且主次分明，显然是经过精心养护修理的。

图 4-101

图 4-102

产地：意大利

树种：欧洲云杉

　　这些云杉的原产地为意大利，平均树龄为60岁以上。1995年被德国盆景艺术家Walter Pall收集起来，并经过了几十年时光的打磨，才展现出现今的模样。

产地：德国

树种：角树

　　在这个丛林式的组合里面，有着12～70cm不等高度与5～50年不同树龄的角树。

【实例分析】

一、作品《奔》赏析（图4-103）

图4-103 奔（材料：小叶福建茶 作者：陆志伟）

"动"和"静"是一对矛盾，它们反映了客观事物存在的两种不同的形态。"动"往往容易打动人心。唐代诗人孟郊的"春风得意马蹄疾"，因写出心境轻松得意之"动"，而成为千古名句。"静"则能给人以丰富的联想。唐代另一位诗人韦应物一句"野渡无人舟自横"，则以"静"的艺术意境，而成为经典之作。一件盆景作品，要静中有动，方能仪态万千。

中国盆景艺术大师陆志伟先生以小叶福建茶为素材创作的丛林型盆景《奔》，是一盆表现静中有动的佳作。在紫砂浅盆内，堆成大小两个小坡，主次两丛树分植其上，整体向一侧斜倾，树形曲折，树势飘忽，打破了平衡和匀称的规律，产生了强烈的动感。正是"动枝生乱影"，使人虽不见风，却分明感到大风威力。树木经受着大风的洗礼，犹如万马奔腾，踊跃层巅。

二、作品《八骏图》赏析（图4-104）

这是一幅名符其实的立体画，是中国盆景艺术大师赵庆泉的佳作。作者在布局造景时运用了一些绘画手法，盆中水面、坡地、树木、山石皆备，主次分明，虚实呼应。"六月雪"蔚然成林；龟纹石浑实敦厚；坡地之间一泓溪水流向远方；骏马或立或卧，疏落有致，整个盆景达到了统一的艺术效果。

图4-104　八骏图（材料：六月雪（满天星）龟纹石、盆长180cm　作者：赵庆泉）

习　题

1. 简答题

1）什么是丛林型盆景？

2）丛林型盆景选盆有什么要求？为什么？

3）简述丛林型盆景布局要求。

2. 拓展题

按照丛林型盆景制作流程图（图4-105），制作一件丛林型盆景。

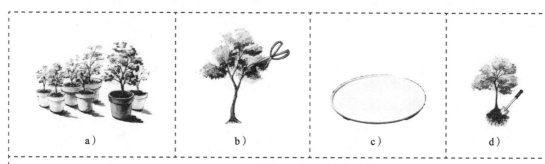

图4-105　丛林型盆景制作流程图

a）选树　b）修剪　c）造型　d）选盆

e）

f）

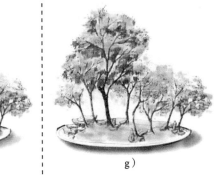

g）

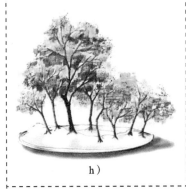

h）

i）

j）

图4-105　丛林型盆景制作流程图（续）

e）脱盆剔土　f）上盆　g）覆土　h）铺种青苔　i）安放配件　j）浇水

 # 任务14　水旱型盆景制作

知识目标
- 掌握水旱型盆景的特点。

能力目标
- 根据植物材料的特点制作水旱型盆景。

工作任务
- 制作一盆水旱型盆景。

一、水旱型盆景的造型要点

水旱型盆景是景物可用水盆盛载，或以树木为主，中间或稍偏一方，用山石将水与泥土分隔开来，中间注入清水使成为一河溪状。在浅口山水盆中，树石盆景将自然界中水面、旱地、树木、山石、溪涧、小桥、人家等多种景色集于一盆，表现的题材既有名山大川、小桥流水，也有山村野趣、田园风光，展现的景色具有浓郁的自然气息。

水旱型盆景造型要点：

（一）材料准备

1. 选择盆钵

水旱型盆景选盆要求与丛林型盆景用盆同。一般采用浅口盆，质地以汉白玉大理石为好。形状以长方形或椭圆形较为适合，使景物视野开阔。

2. 准备树木

植物宜选小叶的杂木树种，如雀梅、六月雪、小叶榕、福建茶、榆树、小叶罗汉松、紫薇等，并加工成自然的大树形态；可孤植，可合栽。

3. 准备石料

水旱型盆景中的山石多用形态自然的硬质石料，如龟纹石、英德石等；亦可用经过雕琢加工的松质石料，如砂松石、芦管石等。用松质石料时须在近土一面抹满水泥，以免透水。

此外，依主题所需，除细沙土外，还要准备小铁线、苔藓、小草、配件、水泥等。

（二）布局造型

制作水旱型盆景的关键步骤是分水旱。一般用水泥将经过构思和加工的山石胶添加于盆中，既作山景或石景，又可隔开水面与旱地，使它们互不透水。由于盆口较浅，盆中泥水容易收干，故一般不需要排水孔。如选用的浅盆的规格过大，则可在确定作品的基本布局后，在旱地部分开气洞垫纱网，置土栽培植物；水面部分要防止漏水。布局形式多种多样，可一边旱一边水，可两边旱中间水，还可中间旱两边水等。水岸线宜高低曲折多变，有露有藏。

（三）栽种植物

在水旱型盆景中，栽种植物的地方往往较小，且地形复杂，因此需特别注意种植技术，对树木根部常进行剪裁和弯曲加工，树木的栽种位置、角度、疏密等须仔细斟酌，务必与山石成为一体，宛若天然。还要根据盆景造型的需要，堆出起伏的地形来。土与山石要过渡得自然，有整体感。在土石上还可散埋一些山石，其安放要注意疏密、聚散、高低的变化。最后在土面上铺青苔，既做点缀，又可以防止浇水时将水冲掉。

（四）修饰整理

作品完成后，可在土面上铺苔藓做点缀。此外，依主题所需安置配件，水旱型盆景中，常用盆景配件点缀，以突出主题，增添情趣。

二、水旱型盆景常见形式

（一）水畔式（图 4-106）

这种形式表现为盆中一边是旱地，一边为水面，用山石分隔水面与盆土。旱地部分栽种树木，布置山石；水面部分放置渔船，点缀小山石。水面与旱地的面积不宜相等，一般旱地部分稍大。分隔水面与旱地时注意分隔线宜斜不宜正，宜曲不宜直。水畔式水旱型盆景主要用来表现水边的树木景色。

（二）岛屿式（图 4-107）

这种形式表现为盆中间部分为旱地，以山石隔开水与土，旱地四周为水面，中间呈岛屿状。水中岛屿（旱地）根据表现主题需要可以有一至数个。小岛可以四面环水，也可以三面环水（背面靠盆边）。岛屿式水旱型盆景主要用于表现自然界江、河、湖、海中被水环绕的岛屿的景色。

图4-106 水畔式水旱型盆景
（材料：黑檀、英石 作者：仇伯洪）

图4-107 岛屿式水旱型盆景
（材料：小石积、英石 作者：韶关风度园盆协）

（三）溪涧式（图4-108）

这种形式表现为盆中两边均为山石、旱地和树木，中间形成狭窄的水面，成山间溪涧状，并在水面中散置大小石块。两边的旱地必须有主次之分，不可形成对称局面，较大一边的旱地上所栽的树木应稍多且相对高大，另一边则反之。溪涧式水旱型盆景主要用于表现山林溪涧景色，极富自然野趣。

图4-108 溪涧式水旱型盆景（材料：黄杨、龟纹石 作者：赵庆泉）

（四）江湖式（图 4-109）

这种形式表现为盆中两边均为旱地、山石，中间为水面，后面还可有远山低排。旱地部分栽种树木，坡岸一般较为平缓，江湖式水旱型盆景水面较溪涧式开阔，并常置放舟楫或小桥等配件。布局时须注意主与次、远与近的区别，水面不可太小。江湖式水旱型盆景适宜表现自然界江、河、湖泊等景色。

图4-109　江湖式水旱型盆景（材料：小叶榕、英石　作者：王云昌）

（五）景观式（图 4-110）

这种形式表现为盆中有旱地、山石和水面，也可以不留水面。旱地部分栽种树木，除有水旱型盆景的一般形式特点外，景观式要有体量明显大的建筑配件做主景。在景观式水旱型盆景中，原本作为主要景物的树与石成了次要景物，而配件则成了主要景物。景观式水旱型盆景主要用于表现人们在生活中与自然环境相融合的一种景观。

图4-110　景观式水旱型盆景（材料：观音竹　作者：李腾驹）

【实例分析】

一、作品《南国风光》赏析（图4-111）

苏铁，有"植物元老"之称，但它并非老态龙钟，相反茎干粗圆，顶端长着羽状的绿色复叶，形如凤尾，英姿飒爽，威武不凡，成为全世界观赏花木的珍品，在岭南、海南、云南和越南等地，都有它的踪影，颇受普罗大众所喜爱。

盆栽苏铁，通常用来布置庭院、会场和宽敞的阳台，显得格外庄重而有气魄，但岭南盆景界用作盆景素材却是较为少见。

然而，广州盆景艺术高手赵清俊则用苏铁制作成水旱景佳作——《南国风光》。作品构图明快，采用两棵又小又矮的苏铁植株，一高一低地植于盆中，错落有致，形态雄健典雅，还配以几块大小不一的黄蜡石衬托，添上一泓清水，烘托出一幅海阔天空、景色绚丽的南国风光画图，令人心旷神怡。

这盆水旱型盆景，集树桩盆景和山水盆景之长，巧妙地处理树、石、水、陆间的相互关系，以树为主，以石为辅；以成片陆地为主，以水面为辅，构成了主次分明、反映我国南方海滨风光的佳作。

二、作品《古树云天》赏析（图4-112）

这件作品选用的福建茶树干苍劲，旁逸斜出，盘根错节，生机盎然叶色墨绿，伸展有致。配以精心构筑的龟纹石堤岸，曲折有致，远近有别，主次过渡自然。江上往来渔船，烟波浩渺，坡上绿草茵茵，煞是一幅美景。

图4-111 南国风光
（材料：苏铁 作者：赵清俊）

图4-112 古树云天
（材料：福建茶）

 习 题

1. 简答题

1）什么是水旱型盆景？

2）水旱型盆景常见形式有几种？

2. 拓展题

教师提供一盆水旱型盆景（或图片），学生进行评价。

任务15　微型盆景制作

知识目标
- 掌握微型盆景的特点。

能力目标
- 根据植物材料的特点因材设计制作微型盆景。

工作任务
- 制作一盆微型盆景。

一、微型盆景的特点

微型盆景是采用微型树桩或山石加工制作的一种特色盆景，小可置于掌上，故又称为掌上盆景。其高度一般不足10cm，由于体小易于陈设布置，既可配以微小的几座置于案头供人们欣赏，也可群体组合在博古架内。其造型逼真，线条简练，以小见大，既可直观玩赏，又留有丰富想象，是一种有生命的艺术品，虽为掌中之物，也能巧夺天工，因此深受国内外人们的欢迎。近些年来，有的地方又出现了超微型盆景，这种盆景盆径在5cm以下，可放在手指上，故又称为指上盆景。

微型盆景以微见长，是立体的艺术品，有以下特点：

（1）成形时间短，成本低　微型盆景利用嫁接、扦插、压条等方法，略经加工，一般二三年即可成形观赏，相对于大中型盆景培养时间短，成本低，一般盆景爱好者都能操作。

（2）占地少、重量轻巧且易于搬动　微型盆景既可以独立观赏，又可以置于博古架上，或挂于墙上，由于其高度浓缩、精致，小巧玲珑，大大节省了空间，更适用于都市人室内布置。

（3）盆小土少、根浅，需要精细管理　微型盆景的养护管理非常重要，由于其盆小、土少、根浅的特点，易栽不易养，稍不注意极易失水，导致植株死亡，因此微型盆景的养护需要精细管理。

二、微型盆景的制作工序

（一）前期准备

1. 用品准备

制作微型盆景需要准备的用品有：小盆钵、几座、小摆件、剪刀（修枝剪、开口剪、眉剪）、铲子、镊子、蟠扎用具、砂轮、钢锯、小锤子、喷雾器、毛笔或刷子、筛子、纱布、水泥等。

2. 树材准备

微型盆景的小型树桩不像老桩要求这么苛刻。选材时，一般选择枝叶细小，上盆易活和盘曲多姿、易造型的树种，如五针松、小叶罗汉松、真柏、黑松、瓜子黄杨、六月雪、文竹、雀梅、南天竹等。

（二）艺术构思

微型盆景要"意在笔先"，胸中备古木之形。但实际操作中更多的是"视材立意"，即必须按照自然材料的特点，因势利导确定造型和主题，使作品达到自然美与艺术美相统一。首先对树种反复观察、获得深刻印象，并用笔在画纸上画出图样或在脑子里勾勒出几个造型方案，根据自己的兴趣爱好、造型的难易程度考虑，比较这些方案，明确造型模式，然后按构思进行造型。

（三）造型

依据所栽树木的特点和姿态进行造型构思设计，设计完成后，采用蟠扎、修剪、提根等方法进行造型。造型宜简不宜繁，要用大写意的手法，注重其神态的表现，做到神形交汇。主干是微型盆景造型的主要部分，如确定为直干式则不加蟠扎，保持干直挺拔，蓄养侧枝，如榆树、九里香等；斜干式也只把主干偏斜栽植，不蟠扎，如雀梅、海棠等；而悬崖式则必须用铅丝缠绕主干将其弯曲成形，如六月雪、小叶榕。加工时枝叶不宜过繁，一般留 1~2 个枝条，要以简练、流畅为主，以充分显示其自然美。通过简单而夸张的修剪或蟠扎造型枝条打 1~2 个弯即可。对有碍造型的枝条应疏剪或短截，使枝条疏密有序，层次分明，高低适度。对根系比较强健的六月雪、榆树、小叶福建茶等品种，在定植时还可让其根部裸露盆面，以增加树姿的苍老态势。造型操作时要求认真仔细，精巧细腻，力求功力、运力得法，表现在枝条、主干上，使小树、嫩枝呈现虬曲苍劲、气质沉着的"古老大树"之貌，使外表形式与内在气质巧妙结合。经过加工造型的桩材，宜先移栽于稍大的泥盆中培养，1~2 年后移栽于形状、大小、深浅和色泽适合的古雅小盆中定植，可提高成活率。

（四）上盆布局

微型树桩盆景，多采用古雅的紫砂盆或釉陶盆。盆的形状、大小、色泽必须与树体相配。比如直干和斜干的造型，可选用浅长方形或腰圆形盆。另外，还可用生活器皿作盆，如烟灰缸、茶杯、小碗、鸟食罐等，但底部需钻孔，以利排水。微型山水盆景，常选用白色大理石、汉白玉等加工成长方形或椭圆形浅盆。上盆时，要剪除过长根、衰老根和多余的须根，由于盆较小，最好不用瓦片遮挡漏水孔，而改用细格塑料网或棕丝垫，再铺上泥土，并用手或细棒沿根系空隙轻轻培实。

（五）山石配置

微型盆景上盆完成后，在盆面上可铺上青苔，即可辅增翠色，又能保持盆土湿润，保护表面根系。同时辅以山石进行点缀。微型山水盆景，常选用纹理优美、形态自然的石料作为素材，如用浮石、斧劈石、芦管石等石料，最后可放置一个比例恰当的小配件进行点缀。需要注意的是，微型盆景的山石和摆件都较小，搬动时丢失不好找，一定要用耐水的黏合胶把山石和配件粘在盆面上。

三、微型盆景的养护

微型盆景由于盆小、土少根浅等特点，所以在管理上比普通中小型盆景需要更加精细小心。在管理中特别应注意以下几个方面：

（一）摆放场所

微型盆景常在室内摆设，长期见不到阳光，易导致生长发育不良。因此，春、夏生长季节，在室内放置时间一般不要超过一周，其他时间宜放在室外东南方向、半阴的环境条件下养护。

（二）水、肥管理

由于微型盆景的盆小土少，盆土宜经常保持湿润，要见干见湿，常用浸盆法进行灌水。一般春秋每日早晚各浸水一次；梅雨时期，避免大雨淋冲，以防倒伏而影响生长；盛夏期间需一日数次，结合叶面喷水；冬季盆景应置于室内，应减少浇水，比往常偏干为宜。

微型盆景在生长期间要薄肥勤施。一般每半月左右施一次。宜选用充分腐熟的有机肥、菜籽肥或豆饼水等，也可施用全元素复合花肥。施肥方法最好也用盆浸法。植物种类不同，施用的肥料也有所不同，如松柏、榆树、黄杨等观叶盆景以氮肥为主；石榴、枸杞等观花观果盆景以磷肥为主；松柏类盆景，一年施一次基肥即可，施肥过多会引起针叶徒长；落叶性杂木类树种，一般不可过多施肥，以形成苍虬姿态，提高其观赏效果。

（三）翻盆和修剪

微型盆景需要定时翻盆，一般杂木类树桩每年至少翻盆 1 次，松柏类树桩则间隔一两年翻盆一次，时间以初春或深秋为宜。翻盆时适当剪去部分老根、枯根及过长过密的根系，换去 1/3~1/2 的旧土，树桩重新栽植时，先在盆底排水孔处垫上塑料纱网或树叶，再铺一层薄沙，培以肥沃疏松的培养土，以促进新根生长发育，枝叶繁茂。为了防止树桩松动，可用细电线将主干与盆钵固定住。翻盆时，还可以根据树桩的形态，调整树桩的桩形，并配以合适的盆钵，以其达到最佳的观赏效果。

微型树桩盆景常年均可进行整枝修剪，随时剪除有碍造型的徒长枝、过密枝，使树桩保持优美的形状，枝叶疏密得当，通风透光，减少病虫害的发生；同时，兼顾造型的需求。

（四）病虫害防治

微型树桩盆景遭受病虫害后，可能会导致局部枝叶或主干受到损害，其观赏价值大大降低，甚至造成全株死亡，需要经常对其进行检查。病害主要有白粉病、煤污病，虫害主要有蚜虫、红蜘蛛和蚧壳虫，要及时防治。

【相关链接】

一、国外微型盆景欣赏（图 4-113）

a）

b）

c）

d）

图4-113 国外微型盆景

a）	b）	c）	d）
树种：日本海棠	树种：日本枫	树种：枥树	树种：欧洲橄榄
规格：高 5cm	规格：高 7cm	规格：宽 18cm	规格：宽 18cm
作者：Morten Albek	作者：Morten Albek	作者：Mario Komsta	作者：Carlos Brandao

e）

f）

g）

h）

图4-113　国外微型盆景（续）

e）	f）	g）	h）
树种：金尾虎	树种：日本扁柏	树种：日本枫	树种：冬青
规格：宽12cm	规格：高25cm	规格：宽19cm	规格：宽25cm
作者：Min Husan Lo	作者：Karl Thier	作者：Walter Pall	作者：Daan Giphart

i) j)

图4-113 国外微型盆景（续）

i) j)

树种：刺柏 　　　树种：美国悬铃木

规格：高25cm 　　规格：宽约23cm

作者：Thomas Mozden 　作者：Roberr Kempinski

【实例分析】

一、作品《春江水暖》赏析（图4-114）

赏析：矮干虬枝，树肤苍润，花朵簇生，叶缘镶白。整体色调奇雅，散发出浓郁的大自然气息：岛丘覆绿，绿叶素花，花色秀丽，丽色依水，水暖春江。

题诗：枝端叶腋绽素花，灰石褐干衬清雅。

　　　伉俪笑傲盘中岛，春色流溢尽风华。

二、作品《对话》赏析（图4-115）

赏析：几盆松桩，布置得有声有色。树种类同，姿态却各异；盆盅相似，而形状不一；几座相仿，但离合有别；摆件点缀，韵味无穷。长廊闲台，艺苑杂谈，场面十分生动。

题诗：劲舞舒展君销魂，谈天说地民风淳。

　　　艺海无涯纳百川，论坛善待龙门阵。

图4-114　春江水暖（材料：六月雪）

图4-115　对话（材料：黑松、大阪松）

习 题

1. 简答题

1）简述微型盆景的特点。

2）简述微型盆景的制作要点。

3）简述微型盆景的养护要点。

2. 拓展题

教师提供一组微型盆景组合作品，学生进行评价。

项目5 南方树木盆景养护

知识目标
- 熟悉树木盆景的养护方法。

能力目标
- 掌握常见南方盆景树种的养护管理。

工作任务
- 针对选取的南方树木盆景，制定管理措施。

树木盆景作为有生命的艺术品，不像艺术作品如摄影、绘画等一举而成，其成功与否取决于其生命的连续性。一件好的盆景作品，只有通过常年的养护管理才能达到枝繁叶茂、果实累累、生机盎然的观赏效果，才能表达预设的意境。盆景制作者要根据自己所在地区的气候及养护设备等条件制定科学的养护管理措施，盆景才能生长健壮、姿态优美。因此，养护对于树木盆景来说是一项十分重要和烦琐的工作。

树木盆景养护主要包含六个方面的工作，即场地、浇水、施肥、整形、病虫害防治、翻盆。

一、场地

树木盆景的养护场地应根据树种的特性确定。置放盆景的场所，一般应空气流通、阳光充分、管理方便和适宜观赏，但要避风，不要放在风口上。另外，场所要有一定的空间湿度，阳光不充足、通风不畅、无一定空间湿度会使植株发黄、发干，导致病虫害发生，直至死亡。

有的树种喜阴，有的树桩需要阳光多一点，这样就要采取如遮阴或遮光措施。如常绿的一些树种如黄杨、杜鹃、山茶花、南天竹等大都喜半阴半阳，而紫薇、榕树、红果等喜阳，因此要根据具体情况来定。有的树木盆景还有耐寒或非耐寒性，对非耐寒性的树桩一般冬天还要进入温室维护管理。树木盆景冬季要做好防冻工作，夏季则要适当遮阴，特别是浅盆和小盆景。南方夏季多台风，还要做好防风工作。

二、浇水

浇水是树木盆景管理中的一个最基本也是最主要的技术。浇水总的原则是"不干不浇，浇则浇足"。

首先要看树木的品种。一般针叶树类表面积小，水分蒸发少，因此需水也少；阔叶树类叶表面积大，水分蒸发多，因此需水量也大。树木有些喜干，有些喜湿，也要区别对待。不同的时期，植物需要的水分也不同。在生长期、开花期和结果期需要水分最多，休眠期需要水分较少。一般春、秋二季每天或隔天浇一次水，夏季每天浇一次或两次水，冬季视具体情况而定，可几天浇一次水，梅雨季节则几乎不需浇水。盆土的种类、盆的质地、大小和深浅也是浇水时必须考虑的因素之一。砂质土壤可多浇水，黏性土壤要少浇水。浇水可以叶面喷水，也可以根部灌水，一般二者结合，先叶面喷水，再根部灌水灌透，注意不要浇"半截水"造成盆面湿但盆内干的现象，而且叶面喷水也不可过多，易引起枝叶徒长。

三、施肥

树木盆景的盆钵内土壤有限，因而养分也有限，应注意肥料的补充。树木盆景因其小中见大的艺术特性，不可施肥太多、太频繁，要掌握施肥量、种类，把握施肥季节。植物生长养分的三要素为氮、磷、钾，氮肥可促进树桩枝叶生长；磷肥可促进其花、果实形成；钾肥可促进茎干和根部的生长，所以选用肥料应根据树桩种类和其生长态势而确定。

需要使树桩枝繁叶茂，可多施氮肥类；需要树桩多出花果，则可增加磷肥含量；需要根干粗壮、发达时，则可多施钾肥。施肥方式一般又分迟效性施肥和速效性施肥。迟效性施肥一般是将有机肥粉碎、腐熟后按一定比例混入土壤中，在换土时掺入盆中，让其慢慢提供养分；速效性施肥则是将有机肥或化肥稀释后，根据树桩的季节性生长需要进行施肥，但要注意不可过浓，新栽树桩不宜进行此类施肥。雨天施肥肥效会流失，效果不好。

四、整形

盆景中的树木不断生长，如不修剪就会改变原有的形态，为了保持树形的美观，须采取摘心、摘芽、摘叶和修剪等措施，这是树木盆景成形后的管理有别于一般苗木管理的地方。

摘心：盆景树木生长旺盛时，欲加以抑制，或某一部分枝条过稀疏，为促进腋芽的发育，以增加分枝数，可用手指或剪刀摘去嫩梢的生长点（前端一小部分），这样可抑制植物向上生长，促进生长侧枝。

摘芽：盆景树木的基部或树干，常常生出许多不定芽，如任其生长，既影响树形的美观，又消耗养分，还阻碍空气流通和阳光透射，且易招致虫害。所以除必须保留的外，其余全部摘去。不定芽应随时摘掉，以免萌生叉枝，影响树形美观。

摘叶：观叶类树木最适宜的观赏期是新叶刚出的时候。摘叶能使一年发芽一次的树木变成一年发芽二至三次，并且这样形成的枝条细而密，比较美观。观叶树木盆景，其观赏期往往是新叶萌发期，如红果、石榴等新叶为红色，通过摘叶处理，可使树木一年数次发新叶，鲜艳悦目，提高了其观赏效果。

修剪：已成形的树木盆景，常常生出许多新的枝条，为了保持其树形不变，也须经常修剪。修剪可以说是贯穿于整个树木造型和养护过程的主要措施。凡是徒生枝、反向枝、交叉枝、对生枝、轮生枝等一切有碍美观的不良枝条都须修剪（图5-1）。至于病虫害枝，则更须及时剪除，并立即烧掉。此外，对于生长过密的枝叶，也宜适当疏剪，以免影响透风和透光。盆景中的树木是会不断生长的，如任其自然生长，不加抑制，势必影响树姿造型而失去其艺术价值。所以要及时修剪，长枝短剪，密枝疏剪，以保持优美的树姿和适当的比例。

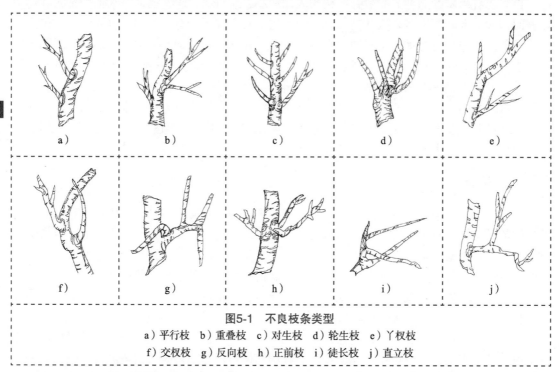

图5-1　不良枝条类型

a）平行枝　b）重叠枝　c）对生枝　d）轮生枝　e）丫杈枝
f）交杈枝　g）反向枝　h）正前枝　i）徒长枝　j）直立枝

对于树木上某部位缺少枝杈处，修剪时应暂时保留一些主要枝做诱导生长，待新枝生长健壮后再进行修剪。对上面提到的不良枝条也应根据造型需要让其在不同的树木造型中发挥作用，变不良枝为观赏枝。如反向枝作风吹枝，徒长枝作下跌枝，对生枝作对门枝或用一枝作干顶为冠，一枝作次枝为托。

五、病虫害防治

树木盆景在生长的任何阶段，都有发生病虫害的可能。病虫害分病害和虫害两种。病害多以病菌引起，虫害是指害虫对植物的伤害。

树木盆景病害主要包括生理性病害和侵染性病害两大类。生理性病害一般可以通过提供适宜的土壤、水分、温度、光照等条件来改变。而侵染性病害主要是由真菌、细菌、病毒、线虫等微生物引起，危害性较大，除通过改善环境降低发生率外，还必须进行化学防治。树木盆景最常见的病害有叶枯病、白粉病、炭疽病、烟煤病、梨桧锈病等。

（一）叶枯病

叶枯病在高温多湿、通风不良的环境下容易发生，植株生长势弱的发病较严重。感病初期叶先端组织局部坏死，病斑由小到大不规则状，逐渐从叶缘按扇形或楔形向内扩展，呈褐色或红褐色，以后病斑继续向叶基部延伸，直至叶片枯死、脱落，后期在病斑上产生一些黑色小粒点。防治措施有：

1）选择立地条件好的地块进行育苗或栽培，栽植地排水要好，土壤肥沃。栽培管理过程中，控制栽植密度，降低叶面湿度，减少侵染机会。增施有机肥，注意防治地下害虫，促进植株生长，提高其抗病能力。

2）发病期间，每隔 7~10 天喷一次药，连喷几次。常用药剂有：40% 拌种双可湿性粉剂 500 倍液、40% 多菌灵 500 倍液、50% 托布津 500~800 倍液、65% 代森锌 500 倍液等，可供选用或交替使用。

（二）白粉病

白粉病发病时树木的叶片、枝条、嫩芽上出现一层白粉状物，影响光合作用，致叶片凹凸不平，萎缩干枯，新梢畸形，严重时造成植株死亡。防治措施有：

1）将盆景放置于通风、透光的环境。减少盆景摆放密度，适当疏剪枝叶。

2）人为降低环境温度、湿度。

3）剪除病枝叶，将病枝叶集中焚毁。

4）喷药保护。早春发芽前，喷波美度 3~4 度石硫合剂。生长季节发现白粉病，及时喷洒杀菌剂，可选用 50% 代森铵 1000 倍液、70% 甲基托布津可湿性粉剂 700~1000 倍液、50% 多菌灵可湿性粉剂 800 倍液或 25% 粉锈宁乳油 1500 倍液。

（三）炭疽病

炭疽病主要危害植物的叶片，有时也危害茎和嫩枝。此病由于有潜伏侵染的特征，早期一般不易被发现。因此，常常会失去早期防治机会，造成一定损失。防治措施有：

1）发病初期剪除病叶，枯枝败叶及时烧毁，防止扩大；盆景放置不要过密，室内保持通风通光。

2）采用科学的施肥配方和技术，施足腐熟有机肥，增施磷钾肥，提高盆景植物的抗病性。

3）发病前，喷施保护性药剂，如 80% 代森锰锌可湿性粉剂 700~800 倍液，或 1% 半量式波尔多液，或 75% 百菌清 500 倍液进行防治。

4）发病期间及时喷洒 75% 甲基托布津可湿性粉剂 1000 倍液，75% 百菌清可湿性粉剂 600 倍液，或 25% 炭特灵可湿性粉剂 500 倍液，25% 苯菌灵乳油 900 倍液。隔 7~10 天一次，连续 3~4 次，防治效果较好。

（四）煤烟病

煤烟病多在高温高湿条件下伴随蚜虫、蚧壳虫而发生。蚜虫与蚧壳虫的排泄物是病菌的培养基。发病初期，叶片上出现少量烟煤状霉层，以后逐渐扩大并增厚，严重时枝、叶均被覆盖，造成植株长势衰弱。在通风透光不良、湿度大的环境中发生严重。防治措施有：

1）给盆景树木创造通风透光的环境条件。

2）降低空气湿度。

3）用毛刷蘸水擦洗病斑。

4）及时消灭蚜虫和蚧壳虫。

5）喷药保护。6~8 月每隔 10~14 天喷 1 次 120~160 倍等量波尔多液或 70% 甲基托布津 700~800 倍液。

（五）梨桧锈病

发病初期，叶片正面出现橙黄色圆形病斑，病斑上有细小的褐黄色粒点。严重时造成全株叶片枯死。贴梗海棠、垂枝海棠是病菌的专性寄主，桧柏等针叶树是其转株寄主。病菌以冬孢子和菌丝体在转株寄主罹病组织上越冬，次年温度、湿度合适时传播到贴梗海棠等专性寄主上为害。防治措施有：

1）将贴梗海棠等盆景与桧柏远离放置。

2）发现病叶，及时摘除并焚毁。

3）喷药防治。每年3月下旬当病菌小孢子由桧柏上传出时，在贴梗海棠等树木上喷施波尔多液，每隔10天喷1次，连续喷3~4次，保护其免受侵害。生长季节喷施65%代森锌可湿性粉剂500~600倍液，或敌锈钠250~300倍液（加1%肥皂粉以增加附着力），或25%粉锈宁湿性粉剂1500倍液。

（六）盆景虫害防治

盆景中一旦发生虫害，轻则影响长势和观赏，重则危及植株生命，必须重视防治。防治的方法主要有人工灭杀和化学防治。

人工灭杀是采用人工捕捉、刮除、冲刷、击杀等方法消灭害虫。优点是简单易行，无污染。适用于盆景数量不多，虫害发生较轻的情况。

化学防治是针对不同的害虫，选用不同的化学药物进行防治。优点是能迅速、大量地杀死害虫，有效控制虫情。

各种害虫的为害方式不同，刺蛾、袋蛾、卷叶蛾、金花虫等害虫具咀嚼式口器，其为害方式主要是食叶。宜选用具有胃毒作用、触杀作用的农药，如敌敌畏、马拉松、亚胺硫磷等；蚜虫、蚧壳虫、红蜘蛛、花网蝽、粉虱、叶蝉、蓟马等害虫，具刺吸式口器，其为害方式是刺吸植物汁液。宜选用具有内吸、触杀作用的农药，如氧化乐果等；天牛、螟蛾等属蛀干性害虫，宜选用具有熏蒸作用的农药，如敌敌畏等。

六、翻盆

树木生长在盆中，经过二三年或四五年，细根密布盆底，浇水后难以渗入和排出，肥料也不易吸收，生命力便逐渐衰弱下去，最终枯萎。此外，树木在一定程度上也会长大，原先用的盆就不符合需要了。因此，每隔一定时间就须进行一次翻盆工作。翻盆可用原盆也可换盆，根据树木的大小决定。翻盆均同时换土，这样不仅能改良土壤中通气和透水的条件，而且可增加树木的营养条件。树木根部如有病虫害，也可通过翻盆来发现和治疗。

翻盆年限：树木盆景的翻盆年限可以根据如下3点来决定。①一般小盆景每隔1~2年翻盆一次，中盆景2~3年翻盆一次，大盆景3~5年翻盆一次。如是老树桩景，可多隔几年翻盆一次。②生长旺盛且喜肥的树种，翻盆次数要多些，间隔年限要短些；生长缓慢、需肥较少的树种，翻盆次数可少些，间隔年限可长些。松柏类老桩景就不宜多翻盆。③枝叶茂盛、根系发达的树种要勤翻盆。翻盆可通过根部生长情况来决定，当盆土不干不湿时，将盆倒翻过来，用手拍打盆底，使树木连土带根全部倒出来，检查土块板结情况以及根系分布情况，如土块板结、根系密布土块底面，则说明必须翻盆。

翻盆时间：翻盆时间以选择树木休眠期为好，大多在早春（2月）或晚秋（10、11月）进行。如保留原土较多，则随时可翻盆，不受季节限制。如需换去大部分或全部宿土，则应严格选择恰当的翻盆时期。一般情况下，夏天不进行树木盆景的翻盆。

翻盆换土：翻盆可用原盆或换稍大一号的盆，根据树木大小来决定。换土可改善土壤的通气透水性，增加土壤养分，有利树木盆景健壮生长，提高其观赏效果。树桩换盆的土壤以腐殖土、稻田土、山泥等为主，换土时可先在土中适当加上一些养料，使其在土中发酵挥发成为迟效型养料，这样能使树桩缓慢受益。至于土壤的酸碱度的把握，要视树种的具体情况而定。换盆时，一般先在盆底孔处固定筛网或瓦片，先加入颗粒较大土壤以利排水，然后放入树桩，填入颗粒较细的培养土，用竹、木棍插紧，并视树种情况确定浇水量。

修根：翻盆时结合修根，根系太密太长的应予修剪，可根据以下情况来考虑。树木新根发育不良，根系未密布土块底面，则翻盆可仍用原盆，不需修剪根系。根系发达的树种，须根密布土块底面，则应换稍大的盆，疏剪密集的根系，去掉老根，保留少数新根进行翻盆。一些老桩盆景，在翻盆时，可适当提根以增加其观赏价值，并修剪去老根和根端部分，培以疏松肥土，以促发新根。

【相关链接】

下面列举一些常见树木盆景的养护管理方法。

一、热带罗汉松的养护管理

热带罗汉松是一个变种，罗汉松科、罗汉松属，小乔木、半灌木类。生长在热带海岛，性喜阳光、通风，爱水、贪肥；分枝平矮，高不盈尺，即使是干径50cm的巨型桩，桩高也不超过2m；叶色浓绿，新芽红润；少虫害，寿命长，极少中空崩烂；干身红褐色，势态奇异，观赏价值极高，在岭南盆景中的地位急速上升。

热带罗汉松是以赏叶为主的树种，对蓄枝要求不严格。如果选桩时已具有一定的幼枝，则树桩一成活已具有一定的观赏价值。成形阶段的管理只是新芽萌发后进行摘芽。罗汉松顶芽群生，每次摘芽应将顶芽摘留二横侧芽。反复进行，直至作品叶面丰满，树形紧凑。

罗汉松成形后的养护只是摘叶和摘心。摘叶的作用是促使萌发新枝，叶片变小、变厚。具体方法如下：重剪后每枝只留两顶叶，其余在叶柄下剪除，重萌新枝后，个别超长的叶子随时摘除。每年在立春和立秋两个节气前进行，两年后，叶子将变小、变厚，叶色特别浓绿。摘心：罗汉松萌车轮枝，每次萌芽后，摘去顶芽，留二侧芽，如此重复作业，则枝节短、幼枝密、树形美观。

成形后的树桩平时要放在挡风、挡阳的地方，大暑前后，可适当移放半阴处，避免烈日烧伤叶尖，有碍观赏。

二、雀梅盆景的养护管理

雀梅树的品种很多，常见的有大叶、中叶和小叶三种。中叶雀梅树无论叶片的大小、叶质、叶色、枝条的生理条件都比大叶雀梅好，树皮也较为光滑，是岭南盆景常用之材。

小叶雀梅是岭南盆景的上好树种，它的叶片有些呈椭圆形，尾尖削；也有些呈豆瓣形。叶色青绿有光泽，芽眼节密，萌发力强，枝条生长也较迅速，很利于进行截干蓄枝。

雀梅树是岭南盆景的优良树种之一，它的自然胚材形态奇特，枝条苍劲老辣，萌发力强，剪截不受季节限制（春、夏、冬都可以翻盆剪枝）。但是它有一个很大的缺点，就是容易产生偏枯病和枝条老化，弄得不好有时还会全株死亡。这种病害多数是产生在作品达到成功的时候。其主要原因如下：

1）在非生长期（挖掘移植时更甚）进行截干剪枝，伤口几乎没有愈伤能力，会蔓延干枯。

2）如果蓄育的枝条过于细小，筛管便容易硬化收缩，阻碍营养流通，使枝条老化，枝色变黑（俗称老坑枝）。这些枝条生长迟缓而瘦弱，虽然能够勉强维持生长，但抗病力非常衰弱。

3）雀梅树运行营养的筛管垂直排列，根条对枝条作垂直供应，如果某一方向的根条发生病害，相对垂直方向的枝条就会萎缩。树干上某一方向的枝条不能生长，相对垂直方向的根条因失去营养也会死亡（俗语叫一边根管一边枝），以至出现整边枯萎的偏枯病。

4）雀梅树的叶芽对生，萌发力强，经过修剪之后，萌发出来的枝芽繁多，也很瘦弱。枝条过密而形成丛枝。这些丛枝阻碍树势的通风透气和光合作用，并且消耗营养，使作品的生势长期衰弱不堪，感染其他病害。

解决办法主要有：

1）在做最初的截干打胚时，树干要比原设计要求相对延长一对芽眼的长度，让这一节多余的芽眼抽芽生长。待它生长到一定时期，即将这一枝条剪弱（但要保留生势），使枝条的生势转到下一节有用的枝条上，以促进整棵树的生势。待以侧代干的枝条长到按比例要求的一半大小时，再将多余的一节树干截除。这样，在树势生长旺盛时锯截，伤口的愈合机能会好一些，可有轻微的愈合组织生长。如果在每个锯截的伤口上涂上一点乳胶，把伤口封闭，还可以减少水分蒸发，防止发生偏枯病害。

2）在设计作品时，要多考虑用疏托粗枝的手法，即枝条的距离要疏，枝条的口径要粗大，同时要采用新陈代谢的方法，让原来枝条的第二节以后抽芽，育成新枝，代替旧枝，可保持原来的枝条形态，又可以克服枝条老化现象。

3）在对作品进行造型设计时，要注意雀梅树的生理特性，要让树干四周的枝条生长分配平衡，每一个方位（或上或下）都能生长枝条，保证枝条与根系的营养运行顺畅。

4）雀梅树的盆景作品成功之后，可于每年立春前修剪一次，其余时间如无必要尽量不要随便修剪枝条。修剪后萌动抽芽，要及时抹芽，力求减少产生丛枝，使枝条的生长优势集中。如发现产生了丛枝，要进行疏枝，将多余的枝条尽量清除，保持通风透气，加大光合作用，保持树势生长。

三、榆树盆景的养护管理

榆树是塑造岭南盆景的理想树种，是岭南盆景中五大名树之一（九里香、雀梅、福建茶、榆树、满天星）。其主要具有如下的优点。

1）生长速度快（居五大名树生长速度之冠）。无论是胚材还是使用截干蓄枝的手法进行蓄育，该树都有较快的速度。

2）叶片细小，叶形美，叶色深绿可爱，符合制作盆景的要求。

3）愈伤性良好，可塑性大，较大的伤口也能愈合，利用这一特点可以对树胚桩头进行改造。如需要缩小时，砍去一部分后也能自然愈合；如需要胀大时，可以用"打击"法和"挑皮"法，利用它的愈伤增生组织变成鳞峋结节，既有苍劲的美感，又能使树干部分有增大的感觉。

4）枝条柔软，不易断折，有利于造型蟠扎。

5）根头发达，利用愈伤原理可以任意改造，以适应各种树形的要求，对于塑造附石型也很理想。

6）萌芽率高，榆树是各树种萌发率最高的一种，全身遍布潜伏芽，在立春前的萌动期，凡是有伤口的树干都有芽萌发。对盆景枝条位置的选择和取舍，则十分方便，如果需要在什么位置生长枝条，在那里打一个洞，待见到木质部为止，以后就会在那里有萌芽。长成枝条之后，伤口又会自然愈合，不留很明显的痕迹。

榆树的萌发力很强，在适合节令时（立春期间）凡是有伤口的位置都会发芽。在不适合节令期间，要全株不带叶（把叶子摘光）萌发才能达到理想。如果在不适合节令时进行单枝剪截（其他的枝条仍带叶生长），会造成不发芽现象。所以在造型时，某一条枝的大小达到要求时，多数用提早抑制的办法（捆扎枝叶，限制光合作用）限制这条枝条生长。等到全株的枝条都合比例时，才一齐剪截，使全株的枝条一齐萌芽，这样各条枝才能均衡生长。

当某一枝条遇到病害落叶萎缩时，也可以将全株树的叶子摘光，这样可以促成病枝与全枝一齐发芽，解决单一病枝的病害。

榆树盆景最大的病害是缩枝，这一病害多发生在榆树成为盆景之后。造成榆树（相思树同）缩枝的主要原因是：榆树是乔木，在土地上生长快速，根系非常发达，把它移植到盆中种植之后（尤其是成为盆景后的浅景盆），盆中装载泥土不多，根系很快就把整个盆子塞满，并相互缠绕成为一个"根巢"。这个"根巢"紧密，水很难渗透入内，所浇的水只是在泥面溢出，形成缺水、缺肥现象，使树势渐渐衰弱。同时作品成形之后，分枝繁密，营养消耗大而且通风条件不良，造成枝条瘦弱，抗病力弱，容易招致虫害。这些不良因素是造成榆树缩枝的原因。

这种病害的首先表现是萌发迟缓（正常生长应该是芽保持嫩绿的萌发状态），继而产生黄叶、脱叶的缺水、缺肥现象。在里面（通风不良）的枝条首先老化缩枝，逐渐发展到全株病害。

解决榆树（相思树同）缩枝的办法是：密切注意植物的生长状态，如发现上述情况时，可用撬子探测泥土，证实是因"根巢"密紧而造成缺水、缺肥的便要立刻采取措施，用撬子向"根巢"深部进行松土，使水肥能有效渗到泥土内部，同时用根外施肥方法及多向叶面喷水等，以减轻病状，等到进入休眠期，立即进行翻盆，将过多的根系尽量切除，重新换上新泥，病害自然会得到改善。经验证明榆树盆景每年（在小寒到大寒期间）都进行翻盆、切根、换泥一次，就能保证正常生长。

习 题

1. 简答题

1）树木盆景养护的工作包括哪些？

2）简述树木盆景翻盆的年限及时间。

3）简述树木盆景养护过程中修剪的作用及注意问题。

4）简述防治树木盆景蚧壳虫的方法。

2. 拓展题

教师指定一件南方树木盆景作品，请提出一套养护管理措施。

项目6　山水盆景制作

任务1　山水盆景常见石种

知识目标
- 掌握山水盆景的主要形式。
- 掌握常见石种的特点。

能力目标
- 辨别常见山水盆景石种。

工作任务
- 能辨别常见山水盆景石种。

一、山水盆景形式

　　山水盆景是运用"缩龙成寸，咫尺千里"的艺术手法，将山石进行雕琢、腐蚀等艺术处理后，布置于雅致的浅盆中，缀亭榭、舟桥，植小草、苔藓等，顺自然之理，创造出移天缩地的人文景观，从而把自然景观微型化制成的盆景。

　　山水盆景主要形式有三种：水石盆景、旱石盆景和水旱盆景。

（一）水石盆景

　　水石盆景是以山石为主体，盆面盛水、无土的盆景。此式或用软石作山，以取其吸水植树长苔和可任意雕刻造型的优点，或用硬石放在水盆中，也可植入草木，表现青山绿水的自然风光（图6-1）。

（二）旱石盆景

　　旱石盆景是以山石为主体，盆内有土（或沙子）无水的盆景。此式用泥土培坡固定山石，土坡上可植入小树木和草苔，点缀配件。但小树木要低，山石要高，多表现山林景色、田园风光等（图6-2）。

（三）水旱盆景

　　水旱盆景是将水石盆景和旱石盆景有机地融为一体的一种形式。景物可用水盆盛载，或以树木为主，或以山石为主，中间或稍偏一方，用石砌成两岸，将泥土隔开，中间注入清水形成一河溪状，水中陆上都可配衬景，多表现乡间情调

（图 6-3）。此款式制作参考项目 4 中的任务十四水旱型盆景的制作。

图6-1　水石盆景

（材料：砂积石　作者：罗泽榕）

图6-2　旱石盆景

（材料：石英石　作者：香港青松观）

此外，还有挂壁式（图 6-4）。此式是将山石用胶粘附在瓷碟或云盆中，可悬挂在墙壁上观赏。

图6-3　水旱盆景

（材料：小英石、福建茶　作者：陆学明）

图6-4　挂壁式盆景

（材料：小英石　作者：郑拱华）

二、常见石种辨别

山水盆景以小见大表现山水景观。在自然界中有许多的石料，虽小却呈现出山的形态，不同的石料所含的自然美，如质地、形状、皱纹和色彩的不同，可以表现不同的题材，并通过人工的加工制成各种艺术造型，并且通过与盆器的匹配组合，可概括表现出山势水态。我国地大物博，适于制作山水盆景的石料丰富，各地石料质地、吸水性等特性各不相同。归纳起来分为两大类：一类是质地疏松、吸水性能好、易于加工的软石类；另一类是质地坚硬、吸水性差、不易加工的硬石类。现在还有一些山石的代用品也成为制作盆景的材料。

（一）软石类

1. 砂积石

砂积石因产地不同颜色略有差异，有白色、微黄、灰褐或棕色，为泥沙与碳酸钙凝聚而成，质地不均，硬度不匀，有石质坚硬者，难以雕琢，不堪应用。软者易加工，吸水性强，利于长苔和生长植物。缺点是石感不强，容易破损，是山水盆景和附石式盆景常用石料之一（图6-5）。产于江苏、浙江、安徽、山东、湖北、广西等地。

2. 芦管石

芦管石与砂积石产地相同，常与砂积石夹杂在一起（图6-6）。这种石呈白色或淡黄色，多以管状纹理构成，形态奇特，有粗细芦管之分，粗的像毛竹，细的如麦秆（又称麦秆石）、芦管。有的芦管石似奇峰异洞，只要稍作加工就有观赏价值，但加工时要特别小心，否则芦管断裂便会影响自然美。

图6-5 砂积石

图6-6 芦管石

3. 浮石

浮石是火山喷发的熔岩泡沫冷却凝聚而成（图6-7）。有灰黄、浅灰及灰黑等色，以灰黑色的质量最好。浮石质地细密疏松，内多孔隙，能浮于水面，吸水性能极好，易生长盆景植物，易加工，可雕刻出各种皴纹，可塑成各种形状，做近山、远山皆可。其缺点是易风化，很少有大料，宜作小型山水盆景用，产于吉林长白山天池、黑龙江、嫩江及各地火山口附近。

4. 海母石

海母石又叫珊瑚石、海浮石，产于我国东南沿海一带（图6-8）。由海洋珊瑚贝壳类的次生物遗体凝聚而成，质地疏松，易雕琢加工，能上水，有粗质和细质两种。海母石的新料盐分重，须在淡水中浸洗盐分后，方能种活植物。其石感性差，宜作中小型山水盆景。

图6-7 浮石

图6-8 海母石

5. 鸡骨石

鸡骨石产于河北承德及四川等（图6-9）。这种石呈乳黄或灰白色，常常透空，形似鸡骨，脆而较硬，吸水性能较差，加工不易，难以成形，处理不当，会失掉真实感，多用作桩景配石，也可制作山水盆景。

（二）硬石类

1. 英石

英石又称英德石，产于广东英德，是石灰石经自然风化长期侵蚀形成（图6-10）。英石颜色多为灰黑色，间有白色和浅绿色；石质坚硬，纹理细贰，以多孔、皱透、体态嶙峋为佳；不吸水，栽种铺苔困难。英石姿态自然，是制作山水盆景和附石型盆景常用石料之一。

图6-9　鸡骨石

图6-10　英石

2. 斧劈石

斧劈石又称剑石，产于江苏常州等地，有灰白、深灰等色；多呈条状或片状，纹理刚直，质地坚硬，宜作险峰、峭壁，雄伟挺拔（图6-11）。其缺点是不吸水，不能长青苔。

3. 钟乳石

钟乳石是石灰岩溶洞中的石头，产于浙江、云南、广东、广西等地（图6-12）。这种石头多为白色，表层与空气接触后氧化成浅黄褐色；线条一般较柔和，洞穴较少；石质坚硬，但锯截尚方便，选用时要注意选用其天然形态；不吸水，适于模仿桂林山水，有时也用来装配雪景，效果甚好。

图6-11　斧劈石

图6-12　钟乳石

4. 灵璧石

灵璧石又名馨石，为我国传统的观赏石之一，产于安徽灵璧一带（图6-13）。灵璧石有灰黑、浅灰、赭绿等色，石质坚硬，叩击有金属之音，形态与英石相似，但表面皱纹较少。此石不吸水，不宜加工，宜作案头清供，也可作桩景配石。

5. 树化石

树化石南北皆产，数量不多，为山石中的珍品（图6-14）。这种石有黄褐、灰黑等色，是古代地壳运动中将树木压入地下而形成的，具有木材之纹理，质地坚脆，不吸水。树化石种类多样，有松化石、柏化石，也有杂木化石，通过敲击拼接加工造型，适宜作各种盆景。

图6-13 灵璧石

图6-14 树化石

6. 石笋石

石笋石也叫虎皮石、子母石，主产浙江、江西等地（图6-15）。这种石有豆青、茄紫、麦灰等色，以"青皮白花"者为正宗。其形态狭长如笋，色泽秀润清丽，是盆景与庭园点缀的常用石料。

7. 千层石

千层石产于江苏太湖、河北遵化（图6-16）。千层石呈深灰色，夹有一层层浅灰色层，层中含有砾石，水成岩。其石质坚硬，不吸水，石纹横向，如山水画中的折带皱，外层多似久经风雨侵蚀的岩石。千层石不便加工，宜作山水盆景或树木盆景配石，或表现沙漠景观的旱盆盆景。

图6-15 石笋石

图6-16 千层石

8. 宣石

宣石即宣城石，产于安徽宣城（图6-17）。此种石洁白如玉，稍有光泽，棱角分明，皱纹细腻，线条刚直，质坚而不吸水，最适于表现雪景。

9. 龟纹石

龟纹石产于四川、重庆及北京等地，石面带有龟裂，为岩石风化所致，颜色深灰、褐黄或灰白，质地坚硬，能少量吸水和生长青苔（图6-18）。这种石宜作水旱盆景或桩景配石，富于天然之趣。

图6-17　宣石　　　　　　　　　　　图6-18　龟纹石

10. 砂片石

砂片石产于川西和北京，有青砂片和黄砂片两种，软硬程度不一，吸水性尚好，可长青苔（图6-19）。其表面有沟槽或长洞，皱纹以直线为主，峰芒挺秀，宜于表现奇峰峭壁。

11. 昆石

昆石又叫昆山白石，产于江苏昆山市，藏于山中石层深处，不多见，洁白晶莹，玲珑剔透，质硬，不吸水，宜作供石，也可用来作山水盆景，具有透、漏、瘦、皱的观赏特点，为我国重要观赏石种之一（图6-20）。

图6-19　砂片石　　　　　　　　　　图6-20　昆石

12. 黄石

黄石全国山区到处皆产，江苏、湖北为多，深黄、褐至棕色，质坚不上水（图6-21）。石纹古拙，可敲击加工，多用于庭园布置，可选小块用来制作盆景，尤能表现特定环境，如

"赤壁""晚霞"等。

13. 菊花石

菊花石产于湖南浏阳和广东花都区一带，为菊花化石（图 6-22）。这种石呈白色，破开后于断面出现黄、白、紫、红、黑等菊花形象。其质地坚脆，多用作清供，也可以点缀山水盆景。

图6-21　黄石

图6-22　菊花石

14. 蜡石

蜡石产于南方，北京也有分布（图 6-23）。这种石呈浅黄至深黄，坚硬，不吸水，形状多样，以润滑、有光泽、无硬损、无灰沙者为上，为我国传统观赏石种之一。

15. 卵石

卵石又叫鹅卵石，全国各地山区都有分布，颜色多样，多为卵形、球形，不宜雕琢，多用于表现海滩渔岛或远山风光（图 6-24）。其也可平铺盆底表现江河河谷。

图6-23　蜡石

图6-24　卵石

16. 锰矿石

锰矿石产于安徽等地，深褐至黑色，质坚，吸水性差，表面有直纹，峰芒挺秀（图 6-25）。可稍事雕琢，主要靠选石拼接造型，宜于表现幽深的峡谷或雄健挺拔的山峰。

17. 祁连石

祁连石产于甘肃祁连山，灰白或灰黄色，尚有呈微红色者（图 6-26）。其石质坚硬，不吸水，纹理细腻，富于变化，不宜加工，无大料，多利用自然形态作清供或山水盆景。

图6-25 锰矿石

图6-26 祁连石

18. 太湖石

太湖石产于江苏太湖、安徽巢湖（图6-27）。太湖石呈白、浅灰至灰黑色，以象皮青色、白色为佳，是石灰岩经长期冲刷、溶蚀而形成的，质坚，线条柔曲，玲珑剔透，小者如拳，大者丈余。它是园林中重要的假山材料，用于盆景不宜加工，多作近景或配石。

19. 孔雀石

孔雀石产于铜矿层，为铜矿石的一种。色彩翠绿或暗绿色，有光泽，似孔雀的羽毛，质地松脆，形态有片状、蜂巢状和钟乳状，有些石料稍事加工就能表现山川气象（图6-28）。孔雀石用作山水盆景，郁郁苍苍，别具韵味，也可作供石。

图6-27 太湖石

图6-28 孔雀石

20. 横纹石

横纹石产于浙江余杭一带，黑褐带黄色，状态呈粗线条折带状，质地粗犷，宜于作大中型山水盆景和园林叠石（图6-29）。

21. 蜂窝石

蜂窝石产于浙江新昌等地，深绿或黄褐色，密布蜂窝状小孔，质坚，宜用作水石盆景（图6-30）。

图6-29 横纹石

图6-30 蜂窝石

（三）山石代用品

1. 加气块

加气块也叫加气混凝土，它是一种轻质多孔新型墙体建筑材料，以水泥、矿渣、砂、铝粉为原料，经磨细、配料、浇注、切割、蒸压、养护和洗磨等工序生产出来的。其优点是可塑性强，能上水着苔，廉价易得，品种多样，颜色各异，有深有淡，质软易雕，多用于山水盆景教学实习。

2. 朽木树根

湖北苏克非、陆善明擅长使用，吉林亦有人用。这种代用品是以枯树老根代替山石作山水盆景，可谓另辟蹊径。据悉，澳大利亚等国也应用。凡林中朽木、湖海中浪木都具有山水造型的艺术价值，置入水底盆，能吸水、长苔、种树，野趣天成，耐人寻味。

3. 树皮

选粗裂树皮代石，可造出粗犷奔放的山水盆景。

4. 木炭

使用体形嶙峋、纹理明晰的木炭作山水盆景，易锯易雕，高低远近搭配得体，也很有山石的意味，并能吸水和栽种植物而不会腐烂。

此外还有用陶土烧成的"山石"和用水泥塑成的"山石"，但它们缺乏山石质感，较为呆滞。

【相关链接】

我国首次发行《山水盆景》邮票（图6-31）。

1996年4月18日，我国首次发行《山水盆景》一套6枚，邮票设计者朱江，极限明信片设计者钱建港。该套邮票素材来自江苏省靖江市人民公园。

江苏省靖江市人民公园制作的山水盆景作品在国内外园艺比赛中多次获奖。这些艺术精品有着独特的风格：师法自然，刻意求新；造型别致，布局合理；题材广泛，寄情深远。既吸收了北方盆景艺术雄奇之特点，又兼顾南方盆景艺术秀美之风格。

图6-31　山水盆景邮票

✕ 习　题

1.简答题

1）什么叫山水盆景？其有多少种形式？

2）硬石类石种有什么特点？并举例。

3）软石类石种有什么特点？并举例。

2.拓展题

教师提供几件山水盆景，请指出运用的石种名称。

任务 2　山水盆景制作技法

> **知识目标**
> - 掌握石料的选料、锯截、拼组、胶合及雕琢等技能。
> - 掌握山水盆景的布局造型要点。
>
> **能力目标**
> - 根据设计方案制作山水盆景。
>
> **工作任务**
> - 制作一盆山水盆景。

一、构思立意

立意要表现什么主题、主题的意境如何是品评盆景作品优劣的重要标准，而盆景的意境是通过布局来体现的。清代乾隆时期诗人兼画家方薰在《山静居画论》中说："作画必先立意以定位置，意奇则奇，意高则高，意远则远，意深则深，意左则左，意庸则庸，意俗则俗"。即是此意。因此，制作盆景前，先有构思，大局定后，在实际创作过程中，还要反复审视、修改、添补。国画中称"笔到意生"，这是立意的继续，在盆景创作中的重要意义远远胜于国画。因为盆景材料不能像笔墨那样，可以由画家随意挥洒，而必须照顾材料的自然美态。所以，把立意贯彻于盆景创作的始终，才能使之达到完美境地。

构思立意就是在创作之前作者对山石的加工方法，依其形态特征与材料本身的特点，结合自身的艺术修养，对作品做出总的构思。这个思维过程包括对作品外观形态、大小和配套盆钵的设计，这是下一步创作的依据。所以立意是着重处理作品的"神"，构图则着重处理作品的"形"。二者是辩证的统一，要处理好二者的关系，才能得到立意新、构图美，独具魅力的作品。

二、材料准备

制作山水盆景，经过构思立意，做到胸有丘壑林泉，眼中有石料。根据自己的构思立意进行材料的选择与准备。

（一）选择石料

石料的选择根据选择的过程不同有以下三种情况：

1）因意选石，意在笔先。选择坚硬的斧劈石、木化石表现山如斧削、形同壁立的石林景观；选择具有明显横纹的砂片石、横纹石、千层石、芦管石表现具块状山；选用吸水长苔的软石类表现江南一带土层丰厚、植被茂密的褶皱山；用白色的钟乳石或海母石表现雪山等。

2）因形赋意，立意在后。硬石类加工起来较难，不宜雕琢，因而在创作中常常根据石料的本来形状赋以意境，局限性很大，不能随心所欲。

3）依图施意，随心所欲。对于软石类如海母石、江浮石、砂积石等，可以根据山水盆景的立意随意雕琢造型，局限性较小。

理想的山石材料是作品成功的基础，选择良好的材料是创作的第一步，也是至关重要的一步。无论哪种情况，选择石种都要注意观察。同一块石料，从不同的角度去观察，会呈现出不同的造型。正所谓"横看成岭侧成峰，远近高低各不同。"对于一块石料要从不同的角度看，平视、仰视、俯视，在不同的光线下看，使石料的各方面特征深深地映在作者的脑海中。

要善于观察石料的自然特征。要注意石料的形态、色泽、纹理、质地、吸水性等。利用这些石料的特性来表现需要的主题。古人以"瘦、漏、透、皱、丑"为选石的标准。瘦则挺拔雄奇，有棱角，不臃肿；漏则有洞眼，四面玲珑，漏而得体，宛自天成；透则如海绵状，通透，给人以疏松、轻盈之感，还可以调整重心，解决虚实矛盾；皱则富于层次变化，其纹理如同衣服上的皱褶，皱而有律，乱而不紊；丑型石色泽苍老，朴实古拙，若痴若呆，丑而不陋。

（二）山石皱法

石料上的纹理多种多样，有的皱而有律，乱而不紊，给人以美感想象，有的则凌乱不堪。而山石的凹凸皱纹叫皱，表现皱的绘画技巧叫皱法。在山水盆景的制作中，除了掌握山水的形貌以外，还必须掌握好山石的皱法。皱法可分为三种：

1）面皱：主要包括斧劈皱、铁刮皱等，适宜表现坚实陡峭、石块显露、草木稀少的山岳，如花岗石山岳给人以刚劲挺拔、瑰奇淋漓之感，具有阳刚之美。山水盆景中，面皱所用的石种有斧劈石、松化石、奇石、锰矿石等硬质石料。

2）线皱：主要包括披麻皱、折带皱、荷叶皱、矾头皱、乱石皱、乱柴皱、解索皱等多种，多用来表现草木葱茏的土质山峦或苍莽古老的石灰岩地层，有一种阴柔之美。在山水盆景中，适用线皱的石料有砂积石、海母石、浮石等软石料，以及千层石、英德石、砂片石等硬质石料。

3）点皱：主要包括雨点皱、芝麻皱、豆瓣皱、钉头皱、马牙皱等既适合表现石骨坚硬而表面有毁坏点的变质岩山岳，也适合表现石骨与土肉混杂的土石质山峦，属于刚柔相济的皱法。在山水盆景中，适用于点皱的石种有砂积石、鸡骨石、芦管石等软石料及石笋石等硬石料。

山水盆景中常用的皱法有披麻皱、折带皱、卷云皱、斧劈皱等（图6-32）。

一般在同一盆景中常以一种皱法为主，以其他种皱法为辅助作为对比和变化。

a)　　　　　　b)　　　　　　c)

图6-32　山石皱
a）斧劈皱　b）披麻皱　c）折带皱

d)

e)

f)

图6-32 山石皴（续）
d）云头皴 e）米点皴 f）荷叶皴

三、锯截雕琢

（一）锯截

较大的石料并不能整块直接使用，需要去粗取精，将适用的部分裁截出来，这就需对石料进行锯截。锯截前先找准切割线的位置和最妥善的高度、倾斜度，用彩色笔做好标记。锯截起来，动作要稳，宜轻推慢拉，要注意保护截面的平整，并防止损坏边角（图 6-33）。

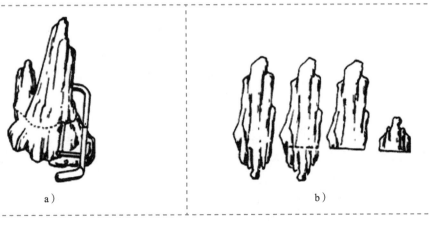

a)

b)

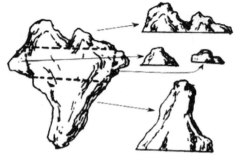

c)

图6-33 大块石料的锯截
a）长条山石的锯截 b）不规则山石的锯截 c）各种平台的锯截

1）长条山石的锯截：硬质石料中如斧劈石、虎皮石（石笋）、钟乳石等多种长条形石料，应根据造型需要保留姿态好的一端，截去姿态不好的一端。两端都具山岭形态者，可将其分为一大一小、一高一矮，高者为峰，矮者为峦或远山，从而获得两块好的石料。

2）不规则山石的锯截：可巧妙地将其截为几块大小不等、形态不同、姿态不一的石料，或作峰、峦、远山、礁矶，或作岛屿，量材取用。

3）各种平台的锯截：平台、平坡、平滩在山水盆景坡脚处理中有独特的作用。在锯截时，将一块石料按厚薄不等截为数块，即可获得各种平台，然后根据不同的造型要求分别表现。

小块石材锯截时，从一个反向下锯，能一次锯下来。松质材料可用手拿固定进行锯截。有的硬质石材不易施锯，稍不注意就会断裂，应进行绑扎锯截，特别易断碎的部位最好用厚布、棉纱包住再固定（图6-34）。

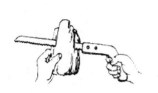
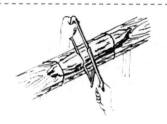

图6-34　小块石料的锯截

（二）雕琢

在山水盆景创作时，一般来讲，石料都不会完全符合创作意图，总有不尽如人意之处，这就需要加工，加工技巧之一就是雕琢。

1. 软石雕琢

软石雕琢可随心所欲地雕出各种造型和各种皱纹。雕琢软石山水盆景时，首先要重视大形，不要太多着意细部，大形决定以后，峰峦丘壑的气势已定，然后进行细部加工。其可分为两步进行：

1）打轮廓：根据腹稿或设计图用小斧头或平口凿砍凿出基本轮廓来，只追求粗线条和大体形状。这一步是关键，最好一气呵成。

2）细部雕琢：软石料皱纹的雕琢，多用小山子或用钢锯条拉，或用雕刻刀雕刻。雕凿时对于不同的软质石料要分别对待，对于有天然皱纹可保留的石料，加工时要使雕凿纹与天然纹协调一致，尽量不留人工痕迹。

2. 硬石雕琢

硬质石料质地脆硬，雕琢不易，重在选石，常不雕或把雕凿作为一种辅助措施。植物种植槽应在雕凿中考虑进去，多留在山侧凹进去的部位或山脚乱石、平台之后，也可留在山背面。

（三）拼接胶合

1. 拼接胶合的必要性

1）制作大型山水盆景时，缺少或没有大料，可用小块石料拼接而成。

2）经加工的石料，如果造型的某些部位不足，可用拼接方法弥补。

3）在雕凿过程中不慎碰断了某个部位，可用拼接胶合法来补救。

2. 胶合方法

1）水泥胶合法：多用高强度等级水泥，加入少量细砂。但胶合硬质石料时，水泥中一般不掺或少掺砂。

2）环氧树脂胶合法：微型山水盆景最好用环氧树脂胶合，用水泥胶合则略显粗糙。

3. 各部位的胶合

1）主峰胶合：胶合时应考虑主峰是否符合造型要求，如有不足之处，可用胶合法补救。如山峰过矮、无气势，可拼接一块底石，使其加高；主峰过瘦，则单薄无力，可粘一片石加厚；主峰若无层次变化，可在其两侧各胶合一峰石，高低搭配，加深层次。

2）整体胶合：主峰形态完善后，就可进行整体胶合。一般在浅盆中进行，以利于随时观察效果。在盆底铺一张纸作为垫底，以防水泥与盆粘连。待整体胶合数天后，水泥砂浆凝固，即可洗去底子。

3）固定补脚：洗去底子后，将山体翻过来检查，如发现空隙过大、胶接不牢，应再调整填补。山脚由平台、缓滩、石矶等构成，处理好了可达到水随山转、山依水活、虚实相依的艺术效果。山脚水岸线切忌平直，否则山势呆板而水滞不活。

4）拼接胶合注意事项：

① 石料洗刷：胶接的石料先要将胶接面用钢刷在水中刷洗干净，以利于胶合粘接。

② 接缝处理：一是水泥调色，如深灰或黑色石料，可用适量墨汁调水泥；石料呈浅黄、土黄，可用白水泥加颜料调至近似黄色。二是用同种山石粉末撒到接缝水泥上，达到"合缝""合色"的目的。

③ 软石拼接时，宜竖接不宜横接。横接容易切断水脉，使水分不能通过接合部上升，而引起石料上下颜色的差异，有碍观瞻。

④ 接后养护：胶合的山石必须保持湿润，以便使水泥很好地凝固，干得太快胶接不牢。一般胶接后盖以湿布，移至阴处养护，定时往湿布上浇水，以便使水泥很好地凝固。

四、布局造型

布局又名章法，或称构图。山水盆景是大自然神姿的缩写，而不是自然景物在盆中的简单再现，在设计时应首先确定一个主题，然后围绕主题摆布全局。

设计时要构思取势。著名山水画家黄宾虹说过："欲得山川之气，还得闭眼沉思，非领略其精神不可。"山水盆景的取势，同绘画一样。如堆砌的景物是高山险峻或者悬崖飞瀑的，就要在思索中取气传神，集山川形式之精英，把现实景物通过构思提炼，有所取舍，以艺术的手法做出优美的构图，合理布局。山水盆景的款式虽多，但在布局造型上，不外乎遵循以下原则：小中见大、主次分明、疏密得当、虚实相宜、静中有动、顾盼呼应、以简胜繁、欲露先藏、曲直和谐。

（一）山水盆景的造型款式

山水盆景以其山石造型、用盆规格，可分特大型、大型、中型、小型和微型五类，但无统一衡量标准。1986 年 10 月在武汉召开的首届"中国盆景学术讨论会"上经共同商讨研究确定，山水盆景根据盆口尺寸的大小，分为五种类型：即盆长 150cm 以上为特大型，80~150cm 为大型，40~80cm 为中型，10~40cm 为小型，10cm 以下为微型。

山水盆景是表现自然景观的艺术品，自然界山水神貌形态神工鬼斧，很难统一造型款式。

目前不少专业书刊对于中国山水盆景造型款式分类五花八门、不尽相同。因此，比较简单的分类是以其峰峦的多少和聚散形式，概括为独峰式、双峰式、偏峰式、散峰式、聚峰式五种形式。

1. 独峰式

独峰式又称孤峰式、独秀式（图6-35）。一般盆内只放一块体态高大的山石形成孤峰，形成一个完整的山峰形象，要有高耸、突兀，不宜矮小平庸，一般峰高是盆长的80%左右，也可峰高大于盆长。山石不要置于盆中央，宜偏左或偏右，但也不能紧贴盆边。

a）

b）

图6-35 独峰式
a）材料：松化石 作者：殷子敏 b）材料：斧劈石 作者：陈柱

2. 双峰式

双峰式又称对峙式。由两组山峰组成，分别位于盆左、右两侧，一组较高大为主体，另一组较矮小为客体。中部或后部用一或两组很小的山石作远山布置，具"平远"特点。切忌两组山石高低、大小相似。两组山石在结构上是断开的，但又形断意连，相互呼应，构成统一整体。宜采用椭圆形或长方形盆（图6-36）。

a）

b）

图6-36 双峰式
a）材料：雪花石 作者：朱文博 b）材料：英石 作者：庞泽海

3. 偏峰式

偏峰式又称开合式、呼应式、附合式。基本形式为一高一矮，大小两组石峰分置盆的左右两侧，但两组山石造型显有悬殊、变化，不是同等高低、大小。主峰必须细致加工，另一侧配摆的石峰作衬托、对比。这种形式是表现近景"高远"的一种手法。还有一种造型是悬崖式，其主峰高耸，上部向一侧伸出作悬垂状，下部虚空，山形表现为上大下小，重心高而偏向一侧，挺拔险峻。如有两个山峰，则悬崖式作主峰，客峰应低于主峰高度的1/3，以衬托主峰的险峻雄奇（图6-37a）。偏峰式布局因其布局特点，有时会特别注重主峰的单体形象式样。较常见的如象形式。象形式是山石的体形、轮廓大致像某种物象，如人物、动物、器具等。象形式可增加盆景的趣味性。注意对物象的摹仿不能过于逼真，否则就无想象的空间，对物象的模仿应在"似与不似之间"（图6-37d）。

a)

b)

c)

d)

图6-37　偏峰式

a)、c)材料：英石　作者：俞刚　b)材料：蜡石　作者：林树贤　d)材料：英石　作者：吴曙光

4. 散峰式

散峰式又称散置式，景色深远，带有平山远水之形式。由三组以上大小、高低不同的峰石组成。从平面上来说，可形成不规则的三角形和多边形，分散布置，峰石一般以单数为佳。小型，由三组峰石组成；中型，由五组峰石组成；大型，由七组或九组以上峰石组成。每一盆中必须有一组最高大的为主峰。布置时，特别强调峰群的有机统一，山峰布置应有疏有密，有主有次，使宾主分明，否则将是一盘散沙。这种布局多采用椭圆形或长方形瓷盆或石盆（图6-38）。

a)

b)

图6-38 散峰式
a）材料：砂积石 作者：罗泽榕 b）材料：彩色斧劈石 作者：冯舜钦

5. 聚峰式

聚峰式又称群峰式、山峦式、连峰式。盆中多峰群聚，峰群有聚有分，高低参差，主峰突出。山峰的位置作不规则排列，有前有后，有近有远，有大有小，有疏有密，造成山重水复、层峦叠嶂之势。山峦式山峰不高，但山与山相互连接构成山脉，如波状起伏。主峰高一般是盆长的 1/5 左右。山峦式最适合与重叠式布局结合应用，也可与开合式结合应用，表现一派远山景象（图 6-39）。

a)

b)

图6-39 聚峰式
a）材料：海母石 作者：张寿华 b）材料：彩色斧劈石 作者：乔红根

另外，根据透视原理，山水盆景也可以分为平远式、深远式和高远式。

古人云："咫尺盆盎，瞻万里之遥；方寸之间，乃辨千里之峻。"这就是说，要使盆景和绘画在不大的空间里表现出万里之遥或千里之峻的图景。宋代著名画家郭熙在《山水训》中说"山有三远，自山下而仰山巅，谓之高远；自山前而窥山后，谓之深远；自近山而望远山，谓之平远……高远之势突兀；深远之意重叠；平远之意冲融而缥缥缈缈。"郭熙提出的"三远"是国画理论中关于透视体系的具体论述，对高远、深远、平远下了明确的定义。观景者的位置分别在山下、山前、近山；观看的方式是"仰""窥""望"；取景的角度为前仰视（高远）、前窥视（深远）、前正视（平远）。

上述画理对山水盆景的创作同样有指导意义。在制作山水盆景时，应力求表现"三远"。高远式盆景，主峰要高，常采用区别主、次和主峰、配件强烈对比的方法，山峰雄伟挺拔，给人以力量感，表现了阳刚之气，是以刚劲为主的盆景（图6-35、图6-36）。深远式山水盆景最常见的款式，由三组峰峦组成，近景、中景分置盆钵左右两端，远景峰峦最小，纹理刻画不要精细，山石要横用，置于盆钵后沿前面，从山前望去景物显得深远而幽雅（图6-37）。平远式山水盆景，峰峦都不太高，其外形轮廓多为圆弧形，不要有棱角，见形不见势。加上平静的水面，给人以幽雅平静的感觉。平远式山水盆景是以曲柔为美的盆景（图6-38、图6-39a）。

（二）山水盆景布局构图中常见的错误

山水盆景布局造型过程中，山石布局左右不要对称，山峦的两腰腰线也不要对称。初学者最容易出现下列错误，使作品艺术性大大降低（图6-40）。

1）宾主不分：主峰与客峰等高等大，主次不明，破坏了盆景景物的对比统一性。

2）比例失调：主峰、客峰、植物配置与配件各部分之间比例不恰当，破坏了盆景景物的协调性。

3）重心不稳：主峰过于悬倾，而山脚又无支撑，不能险稳相依，失去均衡与稳定。

4）主体居中：主峰位置居中，呆板而不自然。

5）布局过满：盆内山石摆放过多，显得拥挤不堪。

6）布局太空：盆内布石过少、过小，内容贫乏，给人以空虚感觉。

7）布局过散：山峰虽有宾主之分，但两者距离过远，呼应关系减弱，破坏了景物的统一。

8）有实无虚：盆内空间均被山石树木填满，无虚实对比，显得空间拥挤闭塞而给人压抑感。

a)　　　　　　　　　　　　b)

c)　　　　　　　　　　　　d)

图6-40　常见错误构图
a）宾主不分　b）比例失调　c）重心不稳　d）主体居中

e)

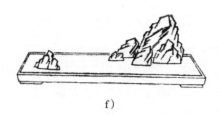

f)

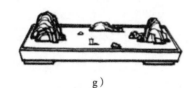

g)

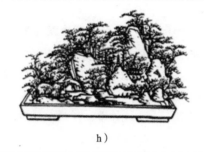

h)

图6-40　常见错误构图（续）

e）布局过满　f）布局太空　g）布局过散　h）有实无虚

五、植物布置

植物配植常用种类以枝矮叶细、生命力强、比较耐阴的品种为好。一般有六月雪、小叶榕、小叶福建茶、文竹、铺地锦、苔藓等，木本与草本均可。

植物配植应注意以下几点：

（一）比例

石上栽树，不可过大，遵循"丈山尺树"的原则。否则，树木过于高大，压到山峰，峰就成顽石。

（二）姿势

山中树木并非一样，应随环境而异，悬崖树木倒曳，山峦丛林层叠，江岸树木多临水俯枝，峰巅老树多悬根露爪。山水盆景植树以助山石动势感，强化其节奏，起到推波助澜的作用。

（三）位置

植物配植，从局部看，有的是为了衬托主峰，有的是为了加强透视效果，有的是为了加强各组景之间的呼应，有的是为了增加层次和分割空间。从总体来看，都为主体服务。位置是否恰当，要看其是否围绕视觉中心来安排。

（四）数量

山水盆景植树，应以少胜多，不可贪多。

（五）色调

色调与作品的格调、气氛密切相关。春山新绿，夏木华滋，秋江清远，寒林萧疏，是自然规律。山石草木的色调搭配要体现季相。树木与山石色彩也应协调，意境之美不在五光十色，而在于和谐统一。

（六）养苔技巧

山石的养苔不可太多太满，要掌握"山阴深壑有，向阳突石无"的原则。上苔有三种方法：

1. 快速上苔法

把加工造型好的山石放在雨中或河水中浸数日，然后拿出，将山芋粉均匀地撒在山石上。用潮湿的稻草包住山石，用尼龙绳带捆好，放于阴湿处，以水或米泔水喷洒，伏天一周即可生苔。

2. 接种苔藓法

选营养土数小块，研碎后放水调至糊状，将背阴处自然生长的苔藓取下，放入糊状泥浆中搅匀，用小刷子均匀地刷在经雨水浸泡过的山石上，经常用细喷壶洒水，直至苔藓露出。

3. 自然上苔法

雨季将山水盆景陈列于院内树底下或较潮湿的地方，让雨水自然淋湿，经一段时间后能自己着苔。

六、配件配置

山水盆景中，盆景配件虽小，却能够扩大空间，还可表现特有环境，创造深邃的意境。因此，盆景配件不能随便安放，而应遵循以下原则：

1）要因地制宜：名山大川，配亭、台、楼、阁；山野田原，宜配茅亭和草台；宝塔安放在山势圆浑配峰上，亭阁置于山腰停人处，水面宽阔可放船只，两岸之间可搭桥梁。

2）要以少胜多，不可滥用。

3）注意各部分的比例关系：山石与配件的比例，配件越小，山体越大；树木与配件的比例，一般情况下，配件不能大于树木（古塔除外）；配件之间的比例，同样远近的景物中，人物不能大于亭、阁、房屋，桥不能小于船只。

4）配件固定，因质而异：石质配件、陶瓷配件，用水泥粘接，金属配件可用万能胶黏接，而小船等水中配件，需用小片厚玻璃粘接于船底，放于浅水中，犹如船浮水面，形象逼真，效果较好。

七、养护

山水盆景的养护主要是植物的养护，由于一般用土都很少，植物根系发展受到条件限制，生长受到抑制，管理不当极易造成干枯或死亡，因此必须细心养护。其主要内容有浇水、施肥、遮阴、修剪、病虫防治、防寒等。不论哪种植物，最为关键的还是要多给植物喷水，保持土壤和环境的湿度，尤其是在干燥多风的春夏季节，更要注意保证空气的湿度，否则很容易造成植物叶片的干枯。浇水一般采用喷浇、喷雾两种方法。建议采用喷雾的方法，因为过猛的水势会冲走土壤。施肥管理方面，要坚持量少勤施，才能使植物生长良好。

山水盆景上配植的草木和山石上的青苔都经受不了日光的曝晒，因此必须增设适时的遮阴措施，炎夏尤其重要。修剪工作也不应忽视，如果经常不进行修剪，枝叶乱长，就破坏了整个盆景艺术造型的形象。防治病虫害工作要经常检查，一旦发现要即时防治，彻底根除。另外山石的清洁工作也要注意，平时可以利用给植物喷水的机会，冲洗山石，去除尘埃，防止水垢等污物的堆积，并将盆器清洗干净，保持清洁，以增加盆景的整体观赏效果。

八、山水盆景制作实例

下面是山水盆景制作实例，如图 6-41 所示。

a）

b）

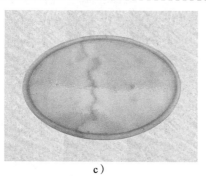

c）

d）

e）

f）

g）

h）

图6-41　山水盆景制作实例

a）植物和配件　b）选石（英石）　c）选盆　d）安置主峰

e）搭配配峰　f）植物配置　g）安放配件　h）作品完成

九、现代科学技术在山水盆景中的应用

20世纪90年代，有人发明了"超声波喷雾器"和"微型潜水泵"，问世后应用于盆景的制作，开拓了岭南盆景制作的新领域。潜水泵抽水到山顶，顺势流下，利用超声波制造烟雾，营造高山流水、飞瀑挂泉、云雾缭绕的气氛，恍如到达一个人间仙景。广东揭阳郑拱华先生在20世纪90年代借助现代电子技术制作出超声波发雾山水盆景，由于该类盆景有助于产生空气负离子，可以改善居室的空气质量，深受人们欢迎（图6-42）。

图6-42　超声波山水盆景（材料：英石　作者：郑拱华）

【实例分析】

一、作品《临渊垂钓》赏析（图6-43）

作品《临渊垂钓》是一件水旱盆景，体现了自然美和艺术美的结合，顺乎自然之理，巧夺天然之工。据说，此盆景创作动机来源于康日照先生在闲游时，偶然发现刺桐港边有一棵榕树攀附于岩石之上，树下有位老翁正在垂钓，触景生情而作。盆景中的榕树经过多年培养，根系攀附石上，沿石皱裂巢纹、沟洞、凹凸纹理中，紧贴向下生长至港边墩上，如峭壁飞泉，从高崖直泻而下，飘逸垂枝，气根下垂在港边矶上，将树、石、水串成一体。树是主、石为客，着地气根为衬体。景观中"主景"并不在主体或客体，而在悬崖之下衬体着地处的石坡上。其是盆中构图的中心位置，最能吸引人的视点。

二、作品《东篱石》赏析（图6-44）

此盆景石种独特，不可多得，石上朵朵菊花花纹，犹如秋菊盛开。作者利用其自然景色，使读者能充分欣赏到菊花石的风姿雅韵；同时，以一透石为主景，辅以配石，形成偏重式造型。盆面留出空白，好似江水波影，两叶小舟，衬出山石万丈之高，更有山灵水秀的意趣。

图6-43 临渊垂钓（材料：英石、榕树
规格：85cm×78cm 作者：康日照）

图6-44 东篱石
（材料：菊花石 作者：长沙盆协）

✗ 习 题

1. 简答题

1）简述山水盆景布局造型中的常见错误。

2）简述山水盆景配件配置原则。

3）山水盆景养护主要内容有哪些？

2. 拓展题

教师提供一件成形山水盆景作品，请从下列角度进行评价。

1）作品选用的山石材料和石种名称。

2）作品的造型款式。

3）作品的布局特点。

4）作品的命名。

附　录　岭南盆景造型图

　　"岭南盆景造型图"为广东科贸职业学院陈茂群、赖海强及陈紫旭老师带领学生临摹岭南盆景优秀作品而成，现选登于本书，供读者临摹参考。

附图1　仰瞻嵳崎倚半空

附图2　英雄本色

附图3　回眸一笑满园春

附图4　倚栏共舞

附图5　峭壁攒峰千万枝

附图6　龙游天下

附图7　独木成林

附图8　龙腾

附图9　二龙戏水

附图10　潇洒走天涯

附图11　三生有幸

附图12　雀舞鹤姿

附图13　小鸟天堂

附图14　揽云

附图15　素风遗韵

附图16　客自远方来：请

附图17　松姿古韵

附图18　盛世风华

附图19　云林画意

附图20　俯听横飞泉

附图21　妙笔生花

附图22　劲松贺岁

附图23　阅尽人间春色

附图24　飘

附图25　曲韵悠然

附图26　翩翩起舞

附图27　罗汉松

附图28　天生野趣

附图29　似是无声却有声

附图30　悬

附图31　太极新姿

附图32　公孙乐

附图33　绝处逢生

附图34　文人树（一）

附图35 文人树（二）

附图36 岭南春早

附图37 觅凤

附图38 古木雄风

附图39 清影

附图40 拜月

附图41　回首展翠

附图42　金风玉露一相连

附图43　春意盎然

附图44　古木雄姿

附图45　郊外

附图46　南澳峥嵘

附图47　仙鹤回首

附图48　雄关如铁

附图49　疏影横斜水清浅

附图50　天伦乐

附图51　古木雄风

附图52　卧岭

附图53　百鸟归巢

附图54　聆听海涛

附图55　对弈

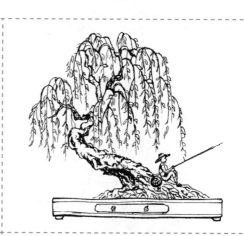

附图56　垂钓图

附图57　附石图

附图58　春江水暖

附图59 长寿

附图60 宁静

附图61 放牧归来

附图62 双马图

附图63 甜憩

附图64 天险地要迎客到

附图65　乡情

附图66　横眉冷对千夫指

附图67　舞

附图68　饮泉

附图69　大树雄风

附图70　艰苦阅历

附图71　凌空欲飞

附图72　相依

附图73　春初

附图74　抚石徘徊

附图75　勇然拂青天

附图76　独占春华

附图77 无限风光在险峰

附图78 满天星

附图79 中流砥柱式附石

附图80 蛟龙出世

附图81 平林叠泉

附图82 勒杜鹃

附图83　分根竞秀

附图84　我欲乘风归去

附图85　石上林

附图86　石上缘

附图87　怡情

附图88　榆树

附图89　飘

附图90　鹊仙桥

附图91　春风春意化为桥

附图92　岭南之春

附图93　相依式附石

附图94　丛林式附石

附图95　石笋式附石

附图96　抱石式附石

附图97　云头雨脚式附石

附图98　横飘式附石

附图99　卷石式附石

附图100　悬崖式附石

参考文献

［1］刘仲明，刘小翎.岭南盆景艺术与技法［M］.广州：广东科技出版社，1990.

［2］陈金璞，刘仲明.岭南盆景传世珍品［M］.广州：广东科技出版社，2000.

［3］余晖，谢荣耀.岭南盆景佳作赏析［M］.广州：广东科技出版社，1998.

［4］谢荣耀.岭南盆景与岭南文化［J］.广东园林.2006，28（4），60-62.

［5］李伟钊，李永劲.树根雀梅盆景裁剪集［M］.广州：广东科技出版社，2009.

［6］李伟钊.广东盆景［M］.北京：中国林业出版社，2000.

［7］蒋南惠，等.2005广州增城粤港澳台盆景艺术会展—获奖作品集［M］.广东：内部发行，2006.

［8］罗泽榕.榕树附石盆景制作技法［J］.花卉，2004.8.

［9］马文其.小型盆景制作与赏析［M］.北京：金盾出版社，2013.

［10］马文其.杂木类盆景制作培育造型与养护［M］.北京：中国林业出版社，2004.

［11］马文其.盆景制作与养护［M］.北京：金盾出版社，2005.

［12］马文其.图说树石盆景制作与欣赏［M］.北京：金盾出版社，2007.

［13］马文其，魏文富.中国盆景—欣赏与创作［M］.北京：金盾出版社，1995.

［14］曾宪烨，马文其.树木盆景造型养护与欣赏［M］.北京：中国林业出版社，1999.

［15］苏本一，马文其.苏州盆景［M］.北京：中国林业出版社，1999.

［16］苏本一，林新华.中外盆景名家作品鉴赏［M］.北京：中国农业出版社，2002.

［17］苏本一.盆景制作与养护［M］.北京：中国农业出版社，2004.

［18］韦金笙.中国盆景名园藏品集［M］.合肥：安徽科学技术出版社，2005.

［19］韦金笙，沈明芳，等.中国海派盆景［M］.上海：上海科学技术出版社，2007.

［20］韦金笙，邵忠.中国苏派盆景［M］.上海：上海科学技术出版社，2004.

［21］韦金笙.中国扬派盆景［M］.上海：上海科学技术出版社，2004.

［22］韦金笙，谭其芝，等.中国岭南派盆景［M］.上海：上海科学技术出版社，2004.

［23］韦金笙，赵庆泉.中国水旱盆景［M］.上海：上海科学技术出版社，2008.

［24］胡运骅，韦金笙，等.中国盆景—佳作赏析与技艺［M］.合肥：安徽科学技术出版社，1986.

［25］林鸿鑫，陈习之，林静.树石盆景制作与赏析［M］.上海：上海科学技术出版社，2004.

［26］林鸿鑫，林峤，陈琴琴.中国树石盆景艺术［M］.合肥：安徽科学技术出版社，2013.

［27］孙霞.盆景制作与欣赏［M］.上海：上海交通大学出版社，2007.

［28］徐晓白，等.中国盆景制作技艺［M］.合肥：安徽科学技术出版社，1994.

［29］刘金海.插花技艺与盆景制作［M］.北京：中国农业出版社，2001.

［30］马新才.盆景制作实用技术［M］.北京：中国农业大学出版社，2007.

［31］王志英，赵庆泉．树木盆景造型［M］．上海：同济大学出版社，1993．

［32］李树华．中国盆景文化史［M］．北京：中国林业出版社，2005．

［33］林三和．微型盆景艺术［M］．上海：上海科技教育出版社，2004．

［34］邵忠，邵键．中国盆景制作图说［M］．上海：上海科学技术出版社，1996．

［35］王志英．海派盆景造型［M］．上海：同济大学出版社，1985．

［36］连智兴．树木盆景造型［M］．北京：金盾出版社，2006．

［37］胡乐国．名家教你做树木盆景［M］．福州：福建科学技术业出版社，2006．

［38］汪彝鼎．怎样制作山水盆景［M］．北京：中国林业出版社，1999．

［39］曾宪烨．《浩气》造型轨迹［J］．花木盆景：盆景赏石版，2007，3：30-34．

［40］吴培德，中国岭南盆景［M］．广州：广东科技出版社，1995．

［41］彭春生，李淑萍．盆景学［M］．3版．北京：中国林业出版社，2009．

［42］张德炎，程冉，夏晶晖．插花与盆景技艺［M］．北京：化学工业出版社，2009．

［43］郝平，张盛旺，张秀丽．盆景制作与欣赏［M］．北京：中国农业大学出版社，2010．

［44］崔广元，张哲斌．盆景制作与销售［M］．北京：科学出版社，2012．

［45］南京市园林局，南京园林学会，等．中国金陵盆景［M］．上海：上海科学技术出版社，2008．

［46］盆景欣赏-中华盆景：http：//www.fff789.com/showinfo.aspx?id=715．

［47］树桩盆景-盆景特色-盆景特色智慧：http：//zhifu8.bokee.com/viewdiary.12768245.html．

［48］盆景艺术在线：bbs.cnpenjing.com．

［49］邵忠．中国苏派盆景艺术［M］．北京：中国林业出版社，2001．